생활속의 물리이야기 2

생활속의 **물리이야기** ❷ (개정판)

개정 초판인쇄 | 2005년 3월 23일
개정 초판발행 | 2005년 3월 31일
출판등록 | 제10-2452호
펴낸곳 | 간디서원
펴낸이 | 신배철
지은이 | 김상수
주　소 | 서울시 마포구 노고산동 124-6번지
전　화 | 711-3094
팩　스 | 715-5478

ISBN | 89-90854-37-7
　　　 89-90854-35-0(전2권)

※ 잘못된 책은 구입처나 본사에서 바꾸어 드립니다.

생활 속의
물리이야기 ❷

김상수 지음

간디서원

머리말

21C는 우주공학의 시대다. 우주공학＝일류 국가, 라는 하나의 공식이 만들어진다. 애석하게도 나의 조국은 기초과학의 불모지다. 앞으로 미래에 전개될 문명사회는 기초과학의 토대 없이는 이룩될 수가 없는 것이다.

한번은 고등학교를 다니는 조카가 이런 질문을 해왔다.

"과학 공식을 쉽게 암기할 수 있는 방법은 없나요?"

이과대 물리학을 공부한 나로서도 과학이라는 학문은 매우 딱딱한 편이라 수학처럼 매달려 재미를 느끼거나 하지는 못하기 때문에, 쉽게 중간에 그만둘 소지가 많다고 생각한다.

스스로 재미를 느껴 문제를 해결할 자립의지를 심어 줄 요량으로 고민을 하던 중에…

그래서 생각해낸 것이 중고등 학교 교과과정에 있는 "○○의 법칙 또는 ○○의 원리"를 토대로 우리가 흔히 일상 생활 속에서 부딪히는 물리적 현상들을 흥미있는 물음과 함께 부족하나마 재미있는 대답으로 알기 쉽게 꾸며 보았다.

지구의 속박에서 벗어나려면 얼마나 되는 힘이 필요할까?

포탄 속에 앉아서 달나라 여행을 할 수 있을까?

지구의 회전을 순간적으로 멈춘다면 어떻게 될까?

급행 열차를 세우지 않고서 승객을 오르내리게 하는 방법은 없을까?

일상생활에서 생기는 문제와 황당한 의문 등, 150여 가지 재미있는 문제를 다루어 자연과학을 흥미를 가지고 접근할 수 있게 설명해 놓았다. 특히 입시를 앞둔 중고생은 물론, 자연과학을 초보적으로 깊이있게 알아야만 하는 인문과학도 및 과학적으로 사고하고 설명해야만 하는 실천가들 모두에게 사고의 지평을 넓혀줄 뿐만 아니라 기초적인 과학의 세계로 한결 깊이있게 안내해줄 것이다.

이 책을 다 읽고 난 독자들이 어느덧 자신도 모르게 어떤 문제나 의문들에 대해 과학적으로 사고하고 실천하게 된다면 비로소, 그가 단 한명이라 할지라도…

독자의 과학수준을 상식 이상으로 한 단계 끌어올릴 수 있다면, 또는 조그마한 웃음과 재미를 안겨줄 수 있다면 만든 이의 의미는 더해질 것이라 본다.

김 상수

차 례

2권

제 1 장 만유인력
- 인력이란 얼마나 클까? / **19**
- 만유인력 / **23**
- 태양 인력 대신에 쇠줄로 지구를 붙잡아서 지구의 공전을 유지 하려면 쇠가 얼마나 필요할까? / **24**
- 달 위에서 총을 올려쏘면 총알은 얼마나 높이 올라갈까? / **26**
- 지구를 관통하는 굴 속에서의 낙하운동은 어떻게 될까? / **29**
- 신의주에서 부산으로 직통하는 지하철도가 있다면 그곳에서는 어떤 일이 일어날까? / **33**
- 굴은 어떻게 파는 것이 합리적일까? / **35**

제 2 장 포탄을 타고가는 여행
- 지구의 속박에서 벗어나려면 얼마의 힘이 필요할까? / **41**
- 포탄 속에 앉아서 달나라 여행을 할 수 있을까? / **44**
- 급격한 진동을 어떻게 약화시킬 것인가? / **46**

제 3 장 빛의 반사와 굴절

- 5중 사진은 어떻게 찍을까? / **55**
- 태양 에너지 / **59**
- 투명인간의 꿈을 실현시킬 수는 없을까? / **61**
- 투명한 동물 표본은 어떻게 만들었나? / **66**
- 투명인간 자신이 다른 것을 볼 수 있을까? / **67**
- 보호색이란 무엇인가? / **69**
- 보호색에는 어떤 것이 있는가? / **71**
- 물 속에서 사람이 눈으로 볼 수 있는가? / **73**
- 잠수부들은 물 속에서 어떻게 보는가? / **76**
- 물 속에서는 렌즈가 어떤 역할을 하는가? / **77**
- 물의 깊이가 왜 실제보다 낮게 보이는가? / **80**
- 물 속에 잠긴 바늘이 왜 보이지 않는가? / **84**
- 물 속에서는 지상세계가 어떻게 보이는가? / **88**
- 물 속에서는 빛깔이 어떻게 변하는가? / **95**
- 푸른 소나무잎이 해질 무렵에는 왜 검게 보이는가? / **96**
- 우리의 눈 속에 대상을 보지 못하는 부분이 있는가? / **99**

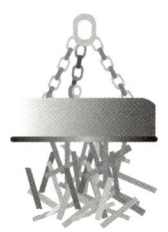 

- 달은 얼마나 크게 보이는가? / **102**
- 천체들은 우리 눈에 얼마나 크게 보이는가? / **105**
- 현미경은 왜 대상을 확대하는가? / **110**
- 시착각이라는 말은 정확한 표현인가? / **114**
- 시착각은 언제나 그렇게 되는가? / **116**
- 어느 것이 더 클까? / **116**
- 상상력은 어떻게 시착각을 일으키는가? / **118**
- 원인을 모를 착각도 있을까? / **120**
- 이것은 무엇일까? / **124**
- 바퀴는 어느 쪽으로 돌고 있는가? / **125**
- 시간의 현미경이란 무엇일까? / **130**
- 시착각은 기술에서 어떻게 이용하는가? / **133**
- 토끼는 왜 머리를 갸웃거리는가? / **135**
- 어둠 속의 고양이는 왜 모두 회색인가? / **138**
- 찬 광선이 존재하는가? / **139**

제 4 장　전기현상과 자기현상

- 자석이란 무슨 뜻인가? / **145**
- 남극에서는 나침반의 바늘이 어디를 향하는가? / **147**
- 자력선은 어떻게 알아내는가? / **148**
- 강철은 어떻게 자화되는가? / **151**
- 전자석은 얼마나 큰 일을 하는가? / **152**
- 마술사 비밀은 어디에 있는가? / **154**
- 체육에서는 자석을 어디에 이용할 수 있는가? / **156**
- 농업에서는 자석이 어떻게 이용되고 있는가? / **158**
- 자석을 이용하는 비행기가 있을 수 있는가? / **159**
- 마호메트의 관은 어떤 힘에 의해 공중에 떠 있는가? / **161**
- 자석을 이용하는 교통수단은 어떻게 되어 있는가? / **165**
- 자력을 이용하는 무기는 없을까? / **167**
- 시계는 어떤 방법으로 자력을 막아내는가? / **170**
- 자석을 이용하는 영구기관은 가능한가? / **172**
- 딱 들어붙은 종이는 어떻게 떼는가? / **175**
- 한층 더 공상적인 영구기관에는 어떤 것이 있는가? / **175**

- 준영구기관에는 어떤 것이 있는가? / **177**
- 지구의 나이는 몇 살일까? / **181**
- 전깃줄에 앉은 새들은 왜 감전되지 않을까? / **184**
- 번개는 얼마나 짧은 시간에 사라지는가? / **187**
- 번개의 에너지는 얼마나 될까? / **188**
- 소나기의 물방울은 왜 굵은가? / **190**

제 5 장   소리와 파동

- 누가 먼저 들을까? / **197**
- 소리가 빠를까, 탄환이 빠를까? / **198**
- 듣는 것에는 어떤 착각이 있을까? / **199**
- 만약에 소리가 지금보다도 늦게 전달된다면 어떠한 일이 생길까? / **202**
- 전신전화 없이 어떤 방법으로 소리를 전달하는가? / **203**
- 북을 이용하는 통신은 얼마나 빠른가? / **205**
- 소리는 공기에서 반향(반사)되는가? / **206**
- 소리 없는 소리가 있을까? / **209**

- 초음파는 기술에서 어떻게 이용되고 있는가? / **210**
- 기차의 기적 소리는 가는 사람과 오는 사람에게 어떻게 달라지는가? / **212**
- 도플러 현상은 어떻게 응용되고 있는가? / **215**
- 물리학자의 주장이 옳았는가? / **219**
- 소리의 속도로 멀어져 가는 사람에게 그 소리가 들리겠는가? / **222**

차 례

1권

제 1 장 역학의 기본법칙

- 비행기를 타고 올라갔다가 잠시 후에 그대로 내려오면 처음의 위치와는 다른 곳에 내릴 것이 아닌가? / **19**
- 지구의 회전을 순간적으로 멈춘다면 어떻게 될까? / **22**
- 비행기 위에서 아래로 물건을 던지면 물건은 어디에 떨어지겠는가? / **26**
- 바람이 몹시 부는 날 폭격기에 탄 조종사는 무엇을 어떻게 고려해야 하는가? / **31**
- 급행열차를 세우지 않고도 승객을 오르내리게 하는 방법은 없을까? / **33**
- 자동차나 기차를 타지 않고 가만히 서서 1시간에 25~30km의 속도로 서울 시내를 달릴 수는 없을까? / **37**
- 경사진 철로를 쏜살같이 내려오는 화물차를 마주오던 기차가 어떻게 하면 충돌 없이 붙잡을 수 있을까? / **38**
- 말이 수레를 끌 때 작용과 반작용이 같다면 수레는 한 발자국도 움직이지 못할 것이 아닌가? / **39**
- 공기 없는 곳에서도 프로펠러를 가진 비행기가 날아갈 수 있을까? / **42**
- 로켓(또는 로켓식 비행기)은 어떻게 날아가는가? / **46**
- 오징어는 물 속에서 어떻게 운동하는가? / **54**

제 2 장 힘, 일 및 마찰

- 개미들은 일을 할 때 서로 잘 협조하고 있을까? / **57**
- 계란을 손바닥으로 쥐고 깨뜨리는 것이 왜 어려운가? / **60**
- 동풍이 불 때 돛단배로 동쪽으로 갈 수 있는가? / **64**
- 지구를 들어올릴 수가 있을까? / **68**
- 마찰이 없어진다면 어떻게 변할까? / **72**
- 도크에서 물 속으로 진출하는 배를 멈추려면 얼마의 힘이 필요할까? / **76**
- 긴 물건의 무게중심을 두 손가락으로 어떻게 찾아내는가? / **80**

제 3 장 원운동

- 왜 돌아가고 있는 팽이는 넘어지지 않을까? / **87**
- 각종 포의 포신에는 왜 나선모양의 홈이 파져 있는가? / **91**
- 계란을 책상 위에 세울 수 있을까? / **93**
- 물통을 공중에서 위 아래로 빠르게 돌릴 때
    물이 쏟아지지 않는 원인은 무엇일까? / **94**
- 자전거 묘기의 비결은 어디에 있는가? / **101**
- 지방에 따라 무게가 다르다면 상품을 팔고 살 때 혼란을 가져 오지 않겠는가? / **108**

제 4 장   액체와 기체의 성질

- 사람이 누워도 가라앉지 않는 바닷물이 있을까? / **115**
- 물 속에서 물 밖으로 나오면 왜 몸이 무거워지는가? / **119**
- 가라앉은 배는 어디에 있을까? / **121**
- 물 밑에 공장을 만들 수 있을까? / **125**
- 사람들은 얼마나 깊은 곳에까지 들어갈 수 있을까? / **127**
- 가라앉은 배는 어떻게 건져내는가? / **132**
- 영구 수력원동기가 존재할 수 있을까? / **135**
- 물이 흐르는 속도는 언제나 같을까? / **138**
- 물통에 관한 문제는 올바르게 해결해 왔는가? / **141**
- 항상 같은 속도로 물통에서 물이 흘러나오게 할 수는 없을까? / **144**
- 분수의 물줄기의 높이는 무엇에 관계되는가? / **146**
- 요술병의 비밀은 어디에 있는가? / **151**
- 거꾸로 세운 컵 속에 있는 물의 무게는 얼마나 될까? / **152**
- 배들은 왜 서로 끌리는가? / **154**
- 베르누이의 원리는 어디에 응용되고 있는가? / **162**
- 물고기는 왜 부레를 가지고 있을까? / **167**
- 회오리(회오리바람) 운동은 왜 생기는가? / **171**
- 사람이 지구 중심으로 여행할 때 어떤 일이 발생할까? / **179**
- 성층권에서의 기압은 얼마나 되겠는가? / **185**

제 5 장 열현상

- 부채는 어떤 역할을 하는가? / **191**
- 왜 바람부는 날이 더 추운가? / **192**
- 사막에서 부는 바람은 왜 뜨거운가? / **194**
- 냉각병의 비밀은 어디에 있는가? / **195**
- 얼음을 쓰지 않는 냉장고는 어떻게 만드는가? / **197**
- 온도계인가 기압계인가? / **198**
- 등불에 등피는 왜 씌우는가? / **200**
- 왜 불꽃은 저절로 꺼지지 않는가? / **201**
- 중력이 없는 세계에서는 액체와 기체가 어떤 성질을 가지는가? / **202**
- 물이 불을 어떻게 해서 끄는 것일까? / **209**
- 불로 불을 끌 수가 있을까? / **210**
- 끓는 물로 물을 끓일 수가 있을까? / **214**
- 눈으로 물을 끓일 수가 있을까? / **217**
- 온도계로 산의 높이를 측정할 수가 있을까? / **219**
- 끓는 물은 항상 뜨거운가? / **222**
- 뜨거운 얼음이 있을까? / **224**
- 석탄에서 냉(冷)을 얻을 수 있는가? / **226**
- 비행운은 왜 생기는가? / **227**

제1장 만유인력

¤ 만유인력

인력이란 얼마나 클까?

우리들은 지구상의 모든 물체가 항상 지구의 중심을 향하여 낙하하고 있다는 사실을 알고 있다.

그런데 이 낙하현상을 쉽게 이해하지 못하는 사람들에게는 이 현상이 이상하게 느껴질 것이다. 예를 들어 지구와 사과 사이에 작용하는 인력에 의하여 사과가 땅 위에 떨어진다는 것은 우리가 언제나 보고 있기 때문에 그다지 신기한 현상은 아니다.

그러나 사람과 사람 사이의 인력이나 또는 사람들이 서로 끌어당기고 끌려가고 한다는 말을 할 때 이 현상을 뚜렷하게 눈으로 보지 못하고 있기 때문에 우리들에게는 신비롭게만 느껴지는 것이다.

실제로 어느 곳에서나 보편적으로 작용하고 있는 인력의 법칙이 일상적인 우리들의 환경 속에서는 왜 나타나지 않는 것일까? 왜 우리들은 나무, 사람, 강아지 등이 서로 끌어당기고 있는 것을 볼 수 없으며 느끼지 못하는가? 이 현상은 그 사물들이 그다지 크지 못해서 그 사이에 작용하는 인력이 매우 작기 때문이다.

그렇다면 이러한 인력은 얼마나 작은 것인가?

예를 들어, 서로 2m씩 떨어져 서 있는 두 사람 사이에 작용하고 있는 인력(서로 끌어당기는 힘)을 보통 체중을 가진 사람들에 대하여 100분의 1mg(10만 분의 1g)의 분동이 저울의 접시를 누르는 것과 같은 힘으로써 두 사람이 서로 끌어당기고 있다는 것을 의미한다. 이 힘은 아주 세밀한 연구실용의 저울에서만 겨우 밝혀낼 수 있는 힘이다.

이와 같은 아주 보잘 것 없이 미약한 힘이 비록 서로 끌어당기고는 있지만 그 위치를 이동시킬 수는 없다. 그 이유는 마루바닥과 사람 발바닥 사이의 마찰이 비교할 수 없을 만큼 크기 때문이다. 예를 들어, 마루바닥 위에 서 있는 우리들을 잡아당겨서 움직이게 하기 위해서는(마루바닥과 발바닥 사이의 마찰력은 체중의 약 30%이기 때문에) 20kg 중 이상의 힘이 필요하다.

이것을 100분의 1mg 중과 비교하여 보자.

두 사람 사이에 작용하는 인력의 크기는 두 사람을 마루바닥에서 움직이게 하기 위한 힘의 20억 분의 1밖에 되지 못한다. 따라서 보통의 조건에서는 우리들이 지상에 있는 모든 물체들 사이에 작용되는 인력을 느끼지 못하는 것이 매우 당연한 일이다.

만약에 마찰이 없었다면 문제는 전혀 달라지게 된다. 이때 아주 작은 인력(서로 2m씩 떨어져 서 있는 사람들 사이에 작용하는 인력) 0.01mg 중에 의하여 얼마나 서로 접근하게 되는가를 살펴보자. 물론, 아무리 마찰이 없다고 해도 사과가 땅에 떨어지는 것과 같이 두 사람이 툭 마주치지는 않는다.

간단한 계산에 의하면, 그 두 사람은 처음 한 시간 동안에는 서로 3cm만큼 접근할 것이고, 다음 한 시간 동안에는 9cm만큼 더 접근할 것이며, 세 번째 한 시간 동안에는 15cm나 더 접근할 것이다.

이와 같이 거리가 점점 더 가까워질수록 접근하는 속도는 빨라지게 된다. 그러나 두 사람이 마주칠 정도로 가까워질 때까지의 시간은 적어도 5시간 이후라야 가능하다.

지상에 있는 물체들끼리 서로 끌어당긴다는 것을 여기에서는 마찰력의 장애가 되지 않는 물체들이 평형되어 있는 경우에서 밝혀볼 수 있다. 예를 들면, 실에 매달린 추는 지구와의 인력의 작용에 의하여 실과 함께 연직방향에 있다.

그러나 만약 추 부근에 추를 끌어당길 수 있는 큰 물체를 가까이에 놓는다면 실과 추는 곧 연직방향에서 기울어져 지구의 인력과 큰 물체가 잡아 끌어당기는 힘의 합성력 쪽으로 끌려갈 것이다.

사실상 이러한 예가 있었다. 높고 큰 산 부근에서 추가 기울어지는 현상을 이미 1775년에 발견하였다. 그 후 특별한 구조를 가진 저울을 이용하여 지상의 물체들 사이에 작용하는 인력을 정확히 측정하게 되었다.

작은 질량의 물체들 사이의 인력은 그 두 질량의 합에 비례해서 커지기 때문에 상당히 커진다. 그렇다고 해서 사람들이 이 힘을 과대평가한 나머지 다른 현상들까지도 인력의 작용으로 설명하려고 애쓰지 말고 정확한 계산을 해본 후에 결론을 내릴 필요가 있다는 것을 충고하고 싶다.

어느 학자가(비록 그가 물리학자는 아니었고 동물학자였지만) 바다에 뜬 큰 기선들 사이에서 흔히 볼 수 있는 상호접근(또는 충돌)은 만유인력의 작용에 의한 것이라고 주장하였다. 그러나 여기에서 인력의 작용은 매우 미미하다는 것을 간단한 계산으로도 증명할 수가 있다.

각각 25,000톤씩 되는 두 대의 전투함이 100m의 거리에서 서로 작용하는 인력은 모두 400g 중 밖에 되지 않는다. 이러한 힘을 가지고는 두 대의 전투함을 단 1cm도 접근시키지 못할 것이다.

큰 속도를 가지고 서로 반대방향으로 지나가던 배가 불의에 부딪치는 사고가 흔히 발생하는데, 이것은 인력으로는 설명을 할 수가 없다. 이 현상에 대한 설명은 1권 '액체와 기체의 성질'을 다시 한 번 읽어 보면 이해가 될 것이다.

이번에는 우리가 취급하는 대상을 우주에서 찾아보자.

천체들 사이의 거리는 대단히 벌어져 있지만 그 천체 자신들이 매우 크기 때문에 인력은 크게 나타나며, 그 인력들에 의하여 운동하게 된다.

우리들에게서 굉장히 멀리 떨어져 있는 행성인 해왕성은 태양계의 끝부분을 천천히 돌고 있지만 1,800만톤 중의 힘으로 지구와 거리를 유지하면서 인사를 보내고 있다. 지구와 태양 사이의 거리만 해도 상상할 수 없을 만큼 큰 것이지만 지구는 인력의 힘으로써 자기의 궤도를 그대로 계속 유지하고 있다.

만약에 태양의 인력이 없어진다고 순전히 가상해 본다면, 지구는 자기의 궤도에서 접선이 되는 방향으로 날아가게 될 것이며 우주 공간에서 한 없는 여행을 하게 될 것이다.

만유인력

케플러에 의해 천체들의 운동에 관한 기본법칙들이 발견된 후에 1660년에는 모든 물체들이 서로 끌어당긴다는 성질을 규정하는 만유인력의 법칙이 뉴턴에 의하여 정식화되었다.

> **만유인력의 법칙**
> 어떤 물체이든지 두 개의 물체는 서로 끌어당기는 힘이 작용하는데 이 때의 힘을 만유인력이라고 한다. 모든 물체들 사이에서는 그 성질에 관계없이 그 질량과 그 물체들 사이의 거리에 관계되는 인력이 작용한다.

만일에 물체들 사이의 거리가 물체들의 크기에 비해서 큰 경우에는 그들 사이에 상호 작용하는 인력은 두 물체의 질량을 서로 곱한 값에 비례하고 두 물체들 사이의 거리의 자승에 반비례한다.

두 물체의 질량을 각각 M_1, M_2라고 하고 그들 사이의 거리를 R이라고 하면 인력 F는

$$F = f \cdot \frac{M_1 M_2}{R^2}$$

로 표시된다.

여기에서 f는 만유인력의 상수로서 물체의 성질에는 관계없다.

물체들이 물체들간의 거리에 비해서 큰 경우에도 물체의 밀도가 균일한 구의 모양을 가지고 있을 때는 그 물체들의 기하학적인 중심

들 사이의 거리를 물체들 사이의 거리로 취하면 인력의 법칙이 역시 그대로 적용된다.

만유인력의 법칙은 지구상의 모든 물체와 물체 사이에서 뿐 아니라 행성과 행성 사이에서도 작용한다. 지구가 태양의 주위를 공전하는 것도 결국 이 힘에 의한 것이다.

지구와 달 사이에서 작용하는 만유인력에 의하여 썰물과 밀물의 현상이 일어난다는 것은 쉽게 이해하면서도, 지구상에서 우리가 사용하고 있는 물체와 사람 사이 또는 사람들 상호간에 작용하는 만유인력에 대해서는 잘 이해하지를 못한다. 그것은 다만 인력이 아주 작고 직접 감촉하기 어렵기 때문이다.

물체의 중력은 결국 지구와 그 물체 사이에 작용하는 인력에 의한 것이다.

태양 인력 대신에 쇠줄로 지구를 붙잡아서 지구의 공전을 유지하려면 쇠가 얼마나 필요할까?

태양의 인력이 없어졌다고 순전히 가상하고, 그 대신에 쇠줄로 지구를 잡아당겨서 공전을 하게 만들려면 얼마나 큰 쇠줄을 사용해야 하는지 계산을 해봄으로써 태양의 인력이 얼마나 거대한 것인가를 간접적으로 느낄 수 있다.

매 mm^2에 대하여 100kg이라는 장력에 견디어낼 수 있는 강철보

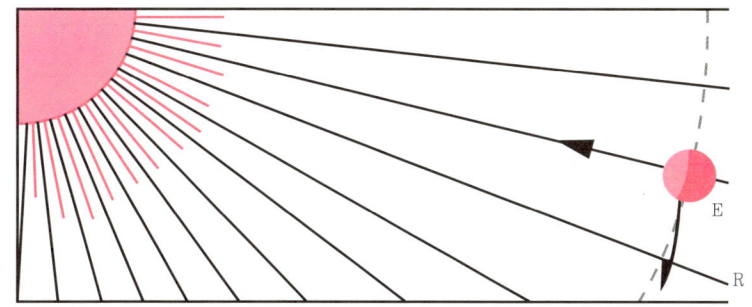

그림 1-1 태양 인력에 의하여 지구 트는 경로를 구부린다. 관성의 결과로 지구는 접선 ER의 방향으로 달아나려고 한다.

다 더 견고한 것은 쉽게 구할 수는 없으므로 강철바로써 지구를 한 번 묶어보기로 하자.

직경이 5km인 굉장히 큰 강철바를 생각하여 보자. 강철바의 단면적은 약 2천만m^2이다. 그러므로 이와 같은 강철바는 2조 톤이나 되는 짐까지도 견디어낼 수 있고, 그 이상인 경우에는 끊어지고 만다. 그러나 이러한 강철바 하나를 가지고서는 우주밖으로 달아나려는 지구를 도저히 붙잡을 수는 없다.

지구를 붙잡아서 이전과 같이 공전시키기 위해서는 몇 개의 강철바가 필요할까? 대략 2백만 개가 필요하다(여러분! 직경이 5km인 강철바가 2백만 개가 지구에서 태양으로 줄지어 늘어서 있는 경우를 생각해 보라. 그래야만 우주밖으로 달아나려는 지구를 붙잡을 수가 있다).

이와 같은 2백만 개의 강철바를 태양쪽으로 향한 지구의 한쪽 면에 펼쳐놓았다고 생각해보면 강철바들 사이의 거리는 강철바의 직경 5km보다는 약간 넓을 것이다. 모든 대륙과 대양은 강철바로 가리워지고 만다.

태양의 인력은 태양과 지구 사이에서 작용하는 보이지 않는 인력이다. 이러한 거대한 힘의 작용에 의하여 태양은 우주밖으로 달아나려는 지구를 붙잡아서 공전하게 만든다.

공전한다는 것은 무엇을 의미하는가?

공전한다는 것은 태양이 그 거대한 인력에 의하여 지구를 태양쪽으로 끌어당기는데 완전히 태양 곁으로 잡아당기는 것이 아니라, 도망가려는 지구를 조금씩 잡아당기면서 그 방향을 돌려 결국 지구로 하여금 원운동(정확히 말하면 타원 운동)을 시키는 것이다.

다시 말해서, 비록 태양의 인력이 크기는 하나 그 힘은 오직 지구의 운동 경로를 매초마다 접선으로부터 3mm만큼씩 기울어뜨리는 역할을 할 뿐이다.

지구의 경로를 매초마다 3mm만큼을 굽히는 데 이와 같은 거대한 힘이 필요하다는 것을 생각해보면 과연 지구의 질량이 얼마나 거대한 것인가를 알 수가 있다.

달 위에서 총을 올려쏘면 총알은 얼마나 높이 올라갈까?

다음과 같은 이야기들은 여러분에게 중력의 작용에 의하여 생기는 운동의 조건을 똑똑히 이해하는 데 도움을 줄 것이다.

지구에서는 대기가 그 속에서 물체의 운동을 방해하는 작용을 한다. 따라서 간단한 낙하법칙도 부차적인 조건들로써 복잡하게 만들기 때문에 우리들로 하여금 중력의 작용 그 자체를 뚜렷하게 이해하지 못하게 한다.

그러나 달에는 공기가 없다. 만약에 우리들이 달에 갈 수가 있어서 달에서 과학연구를 할 수만 있다면 중력의 작용(낙하운동)에 대한 가장 훌륭한 실험을 할 수가 있을 것이다.

그래서 달에서 생활하는 내용의 과학소설을 인용하여 공부해 보자. 과학소설에서는 달에 두 사람이 앉아서 총을 쏘았을 때 그 총알은 어떤 운동을 할 것인가에 대하여 이야기하고 있다.

"그런데 여기에서는 화약이 작용할까?"

"폭발 물질이 진공 상태에서는 보통의 공기 속에서 보다도 더 큰 힘으로 폭발하여 버리지. 왜냐하면 공기는 폭발 물질이 팽창하는 것을 방해하고 있거든, 더구나 화약이 폭발하는 데 필요한 산소는 그 화약 자체 속에 들어 있기 때문이지."

두 사람은 총을 쏜 후에 그 총알을 근처에서 찾아볼 수 있도록 총을 연직방향으로 세워놓은 채 발사하였다(약한 소리가 있은 후 땅이 가볍게 진동한다.).

"탄피는 어디로 갔지? 이 부근에 있어야 할 텐데."

"탄피도 총알과 함께 날아가버렸나 보군 그래, 탄피는 총알보다 조금 뒤떨어진 상태로 날아가게 될 것이야. 왜냐하면 지구에서는 탄피가 탄환 뒤를 따라가는 것을 공기가 방해하고 있었지만, 달에서는 돌이나 탄피나 모두 같은 속도로 빨리 떨어지기도 하고 위로 올라가기도 하거든."

"옷 속에 있는 솜을 좀 꺼내주게. 그러면 자네가 솜을 던지는 것이나, 내가 쇠로 된 공을 던지는 것도 마찬가지로 멀리 떨어져 있는 표적에 던져서 명중시킬 수도 있을 것이네. 그리하여 이렇게 중력이 약하게 작용하는 조건에서는 나는 공을 400m쯤 던질 수도 있고, 자네도 나와 똑같은 거리만큼 솜을 던질 수도 있을 것이네."

"이게 웬일이야? 총을 쏜 지 3분이나 지났는데도 총알은 아직도 내려오지 않는군."

"2분만 더 기다려 보세. 아마도 그때쯤이면 총알이 돌아올 거야 (실제로 2분이 지난 후에 우리들은 땅의 가벼운 진동을 느끼며 또 멀지 않은 곳에서 날아오는 총알을 보았다.)."

"이 총알이 도대체 얼마나 오랫동안 날아갔던 거지, 총알은 얼마나 높은 곳에 올라갔었던 거야."

"70km의 높이까지 올라갔었을 거야, 이것은 중력이 작고 공기가 없었기 때문이지!"

이와 같이 두 사람이 달에 앉아서 경험하고 이야기 하는 사실이 옳은가 옳지 않은가를 검토해 보기로 하자.

총알이 발사되어 총구에서부터 튀어나갈 때의 속도를 매초 500m라고 하자(이것은 현대식 총으로 발사하는 경우보다 한배 반 또는 두배나 작은 숫자다.).

대기가 없을 때 지구상에서 총알이 올라갈 수 있는 높이는

$$h = \frac{v^2}{2g} = \frac{500^2}{2 \times 9.8} \fallingdotseq 12,500(m)$$

이므로 12.5km이다.

그런데 달 위에서와 같이 중력이 6분의 1이나 약한 곳에서는 g는 9.8의 $\frac{1}{6}$일 것이다. 총알이 도달하는 높이는

$$12.5 \times 6 = 75(km)$$

가 되지 않으면 안 된다.

지구를 관통하는 굴 속에서의 낙하운동은 어떻게 될까?

지구 내부 속 깊은 핵심부에서 어떠한 현상이 진행되고 있는가에 관하여 우리가 알고 있는 사실은 대단히 적다.

어떤 학자는 100km나 되는 깊은 곳에서부터는 불덩어리의 액체가 시작된다고 추측하기도 하고, 또 어떤 학자는 지구 전체가 그 중심부까지 전부 고체로 되어 있다고 추측한다. 그러나 이 문제를 해결하는 것은 그리 쉬운 일이 아니다.

사실 우리가 실제로 땅을 깊이 파본 것은 세계에서 가장 깊다는 굴도 2.5km를 넘지는 못하는 데 비해서 지구의 반경(지구의 중심부까지의 거리)은 약 6,400km 정도이다. 따라서 실험적으로 이

문제를 해결하는 것은 도저히 불가능한 일이다.

지구의 직경에 따라 관통하는 굴을 판다면 문제는 해결이 되겠지만, 아직은 현대의 기술을 가지고서는 여전히 불가능하다. 이것은 앞으로도 가능하다고 말을 하기에는 좀체로 힘들 것이다.

지구를 관통하는 굴을 파는 문제는 일찌기 18세기에서부터 많은 학자들이 꿈꾸어 왔다. 물론 이러한 꿈은 아직까지도 실현되지는 못하고 있으나, 하나의 흥미있는 문제로서 가상적인 굴을 생각하여 보자.

그리하여 이와 같은 바닥이 없는 굴에 여러분이 떨어져버렸다면 어떤 사건이 일어나게 될 것이며, 어떤 감각을 느끼게 될 것인가를 생각하여 보자(이것은 생각만 해도 무서운 일이다. 마치 높은 굴뚝 위에 올라갔다가 발을 헛디뎌서 떨어질 때와 같은 두려움을 느끼게 될지도 모른다.).

이와 같은 상상을 흥미롭게 역학적으로만 생각하면서 계속하여 보자. 이때 공기의 저항을 잠깐 잊어버리기로 한다면 여러분은 밑바닥에 부딪쳐도 부상을 당할 염려는 없다. 여기에서는 바닥이라는 것이 없다.

그렇다면 여러분은 어디에서 멈추게 될 것인가, 지구의 중심에서 멈추게 될까? 아니다, 그럴 수는 없다.

여러분이 지구의 표면에서 떨어지기 시작한다면 지구의 중심을 통과할 때는 매초 약 8km라는 속도를 가지고 있기 때문에 여러분을 지구의 중심에서 멈추게 할 수는 없다.

그렇다면 여러분은 지구의 중심을 쏜살같이 지나서 갱도의 반대

그림 1-2 굴 내에서의 진동(한 번 통과할 때 1시간 24분 24초)

쪽 끝(바닥이 아니다.)을 향하여 날아가게 될 것이다. 그러나 이때 지구의 중심으로부터 멀리 떨어질수록 여러분의 운동(낙하)속도는 점점 감소하게 된다.

여러분이 굴의 반대쪽 끝에 도달했을 때는 무엇이든지 그 주변에 붙어 있는 사물을 단단히 붙잡아야만 한다. 만일 붙잡지 못한다면 여러분은 다시 한 번 그 무서운 여행을 반복해야만 된다.

여러분이 지구 굴을 한 번 통과하고 멈추지 못해서 다시 한 번 굴 여행을 하는데, 이러한 굴 안에서의 진동은 그칠 줄 모를 것이다(이때 공기의 저항을 무시하고 있다.).[1]

공상을 계속하여 보자.

굴을 한번 통과하는 데 어느 정도의 시간이 필요할 것인가? 간단한 계산에 의하면, 전체 경로의 길이를 통과하는 시간은 84분 24초가 걸린다는 것을 알 수가 있다(그림1-2).

지금까지의 이야기는 지구의 한쪽 극에서 다른 극까지(정확히 말하면, 지구의 회전축에 따라) 관통하는 굴인 경우다. 그런데 굴의 출발점이 어떤 다른 위도에 있다면 사정은 달라지게 된다. 즉 여기에서는 지구의 회전에 따른 영향을 고려해야 한다.

이것은 지면 위의 각 지점이 가지는 선속도는 위도에 따라 다르기 때문이다. 예를 들어 적도에서는 매초 465m의 선속도를 가지지만, 파리에서는 매초 300m의 속도를 가진다.

이와 같이 각 지점에서의 선속도는 회전축으로부터 멀어짐에 따라 증가한다. 그리하여 이러한 지점에서 지구를 관통하는 굴에서는 물체가 연직선에 따라 떨어지는 것이 아니라 약간씩 동쪽으로 기울어지면서 떨어지게 된다.

만일 굴을 적도상에서 뚫었다면 그 속에서는 지구의 회전에 의한 영향을 가장 많이 받을 것이기 때문에 굴을 더 넓게 파거나 동쪽으로 멀리 기울어지게 파야만 한다.

굴의 한쪽 끝이 높이 2km의 고원지대에 있고 다른 끝은 해면(바다의 수중)에 있다면, 고원지대에서 떨어진 사람은 굴의 다른 끝을 지나 2km나 튀어나가게 될 것이다.

두 끝이 모두 해면에 있다면 한쪽 끝에서 떨어져 나온 사람을 다른 쪽에서 기다리고 있다가 막대기를 내밀어주면 그 사람을 끌어올릴 수가 있을 것이다. 이때 한쪽 끝에서 다른 쪽에 도달했을 때 속도는 0이다.

고원 위에서 떨어져서 바다에 나오는 사람은 쏜살같이 튀어나올 것이므로 감히 붙들지 못할 것이다.

신의주에서 부산으로 직통하는 지하철도가 있다면 그곳에서는 어떤 일이 일어날까?

신의주에서 지구 표면에 따라 원호를 그리면서 여행하는 것이 아니라, 그림1-3에서 보는 바와 같이 지하로 부산까지 직통하는 굴 속에서 여행하는 경우에는 어떤 이상한 현상이 일어날 것인가를 생각하여 보자.

이러한 굴을 팔 수 있다면 거기에서는 세계의 어느 도로에서도 볼 수 없었던 놀라운 사태가 벌어질 것이다. 그것은 기차가 이 굴 속에서는 저절로 운동하게 된다는 점에 있다.

이러한 굴을 앞에서 공부했던 지구를 관통하는 굴과 비교하여 보자. 지구를 관통하는 굴은 지구의 중심을 통과하였지만 신의주에서 부산까지 관통하는 굴은 작은 원호의 두 끝을 잇는 현에 따라 팠을 뿐이다.

그림1-3을 보면 굴이 수평으로 뚫어져 있기 때문에 기차는 중력에 의하여 끝에서 끝으로 갈 수 없을 것처럼 생각될지도 모른다. 그러나 이 생각은 착각이다.

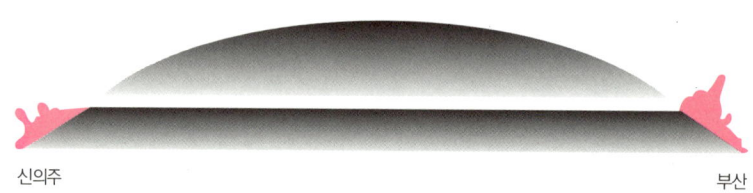

그림 1-3 신의주에서 부산까지 직통하는 지하철도에서는 기차가 자기의 고유한 무게만으로도 기관차 없이도 왕복할 것이다.

굴의 양 끝에 대한 반경을 가상적으로 그려본다면 굴이 연직선에 대하여 직각이 아니다. 따라서 굴은 수평이 아니라 내부로 기울어져 있는 모양으로 뚫려 있다.

이와 같이 기울어진 굴 속에서는 어떤 물체든지 중력에 끌려서 언제나 굴 중간지점으로 모여들어 결국 앞뒤로 진동하게 될 것이다. 그리하여 굴 속에 철로를 설치한다면 차량들은 저절로 굴러갈 것이므로 무게가 기관차의 역할을 대신할 것이다.

이러한 기관차가 없는 자동기차는 처음에는 아주 천천히 운동을 하다가 점점 그 속도가 증가하여 상상하지도 못할 만큼 큰 속도를 가지게 된다(언덕 위에서 기차가 저절로 굴러 내려오는 모습을 상상하여 보자.).

그러나 이때 공기의 저항이 나타나면서 지금까지의 매혹적인 자동기차의 설계를 실현하는 데 큰 지장을 줄 것이다. 그러나 여기에서 이 밉살스러운 장애물(공기)에 대해서는 잠깐 잊어버리기로 하고, 이미 굴러가기 시작한 자동기차의 뒤를 계속해서 따라가 보자.

자동기차가 굴의 중간에 도달했을 때는 굉장히 큰 속도를 가질 것이다. 그 크기는 포탄의 속도보다도 몇 배나 더 빠를 것이다.

이러한 거대한 속도를 가진 자동기차는 그 기세로 굴의 거의 끝 지점에까지 가게 될 것이다. 더구나 자동기차와 레일 사이의 마찰이 없다면 이러한 '거의'라는 말도 필요가 없이 직접 끝까지 도달할 것이다. 이것이 신의주에서 부산까지 기관차 없이도 자동적으로 왕복할 수 있는 자동기차에 대한 설계이다.

이러한 굴 속에서 자동기차에 올라탔을 때 신의주를 떠나 부산에 도착하는 시간은 간단한 계산이 보여주는 바와 같이 42분 12초다. 그런데 이상하게도 이 시간은 굴의 길이와는 무관하다.

그러므로 부산에서 신의주까지의 직통 굴에서나 또는 부산에서 만주까지의 직통 굴에서나, 그 자동기차가 끝에서 끝까지 가는데 필요한 시간은 동일하다.[2]

굴은 어떻게 파는 것이 합리적일까?

그림1-4에서는 굴을 파는 세 가지의 방법을 보여주고 있는데 그 중에서 어느 것이 수평으로 파져 있는가를 생각해 보자.

수평굴은 위의 것도 아니고 아래의 것도 아니다. 굴 속에서의 길이 모든 점에서 지구의 반경과 직각이 되는 원호에 따라 지나가게 되는 가운데 그림의 경우가 수평굴이다. 이 경우에 굴을 이루는 원

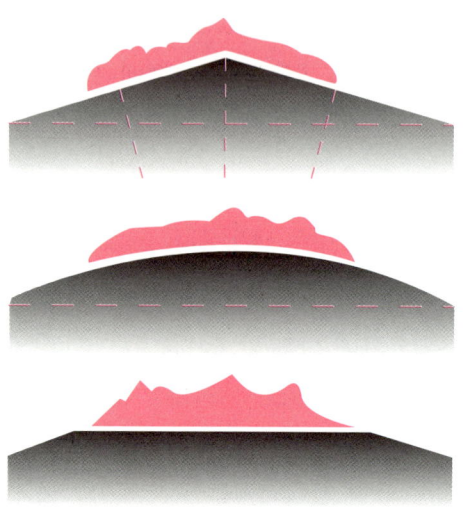

그림 1-4 산을 뚫고 굴을 파는 세 가지의 방법

호(지구와 동심원인)는 지구 표면의 곡선에 대응된다.

큰 굴들은 보통 그림1-4의 위의 그림과 같이 굴의 양 끝점에서는 지구 표면의 접선방향에 따라 파는 것이다. 이와 같은 굴에서는 물이 고이지 않고 저절로 양쪽 끝으로 흘러나가는 잇점이 있다.

만약에 엄밀한 의미에서 굴을 수평이 되게 팠다면 그 굴은 원호 모양이 될 것이다. 물은 굴 속에서 흘러나오지 못하게 된다. 왜냐하면 물이 어느 곳에서나 평형상태에 있기 때문이다. 이와 같은 굴의 길이가 15km라면 굴의 한쪽에서 다른 쪽 끝부분이 보이지 않을 것이다. 그것은 이러한 굴의 중간지점이 그 양 끝점보다 4m나 높게 되어서 시선이 굴의 천정에 닿기 때문이다.

끝으로 굴을 직선에 따라 팠다면 중간이 약간 밑으로 경사지게 될 것이다. 여기에서는 물이 흘러나가지 않을 뿐더러 중앙부에 있는 낮은 곳에 고이게 된다. 이와 같은 굴의 한쪽 끝에 서면 다른 쪽 끝부분이 보이게 된다(그림1-4).[3]

결론적으로 보아 굴은 구체적인 사정에 따라 여러 가지의 방법으로 팔 수가 있다.

주

1) 공기의 저항이 있을 때는 이 진동이 점차로 감소되어 결국 여러분은 지구의 중심에 멈추게 될 것이다.
2) 이와 같은 사정은 바닥 없는 굴의 경우에도 그렇다. 진동시간이 행성(가령 지구)의 크기에는 무관하고, 그의 밀도에 관계된다는 보다 더 재미있는 결과가 나온다는 것을 증명할 수 있다.
3) 여기에서 여러분들은 수평선을 모두 곡선이라는 것과 직선의 수평선은 있을 수 없다는 것을 알고 있어야 한다. 이와 반대로 연직으로서는 다만 직선만이 될 수 있다.

제2장 포탄을 타고 가는 여행

¤ 포탄을 타고가는 여행

지구의 속박에서 벗어나려면 얼마의 힘이 필요할까?

"굉장히 큰 대포를 만들고 사람이 탄 포탄을 발사해서 포탄을 달까지 보낼 수 있을까?"

이런 생각이 얼마나 황당무계한 것인지를 잠깐 접어두고, 지구에서 벗어나 달까지 날아갈 수 있을 만큼의 물체(포탄)에 큰 속도를 전달할 수가 있을까? 이와 관련되는 몇 가지의 문제점들을 취급하여 보자.

물리학자인 뉴턴은 자신의 저서 『물리학의 수학적 기초』에서 대략 다음과 같이 쓰고 있다.

"우리가 힘껏 던지는 돌은 중력의 작용에 의하여 처음의 직선경로에서 벗어나 곡선을 그리면서 다시 지구에 떨어진다. 물론 돌은 큰 속도로 던질수록 더 멀리 날아간다. 따라서 속도를 100배, 1,000배, 10,000배 등으로 점점 크게 할수록 돌은 1km, 10km, 100km 등으로 점점 멀리 날아가다가 결국은 지구 바깥으로 날아

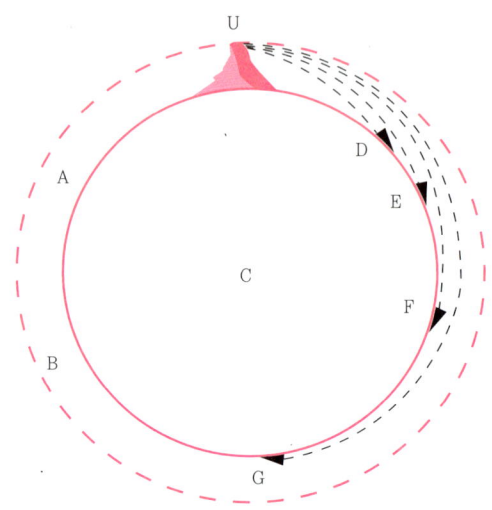

그림 2-1 산꼭대기에서 거대한 속도로 던진 물체가 날아가는 경로

가서 다시는 지구에 돌아오지 않을 경우도 생길 수 있다.

그림2-1에서 C를 지구의 중심, UD, UE, UF를 아주 높은 산 U에서부터 점점 더 큰 속도로 수평방향으로 던져진 물체가 그리는 곡선이라고 하자. 이때 공기의 저항은 없다고 가정하자.

그렇다면 초속도가 작을 때는 물체가 곡선 UD를 그리며 초속도가 점점 커짐에 따라 UE, UF, UG의 곡선을 그린다. 그러다가 그 초속도가 일정한 한계에 도달하면 물체는 지구를 일주하게 될 것이며 던져진 산꼭대기로 다시 돌아올 것이다. 이렇게 돌아온 물체의 속도는 던질 때의 초속도와 다르지 않기 때문에 물체는 다시 지구를 도는 운동을 계속할 것이다."

이상이 뉴턴이 쓴 글의 대략적인 내용이다.

만약에 이런 가상적인 산 위에 큰 대포를 놓고 굉장히 큰 속도로 수평방향으로 쏜다면 포탄은 지구를 돌게 될 것이며 땅에 떨어지지 않을 것이다.

그렇다면 이런 가상적인 포탄이 지구를 돌게 만들려면 포탄에 얼마의 초속도를 주어야 할 것인가?

간단한 계산에 의하면, 매초 8km라는 값이 나온다. 바꾸어서 설명해 보면 매초 8km로 발사된 포탄은 마치 지구의 위성과 같이 지구를 공전하게 될 것이다. 이런 위성(즉 매초 8km의 속도를 가지고 지구를 도는 물체)은 지구의 적도 위에 있는 물체보다 17배나 빠른 속도로 돌게 될 것이며, 지구를 1시간 24분 동안에 일주할 것이다.

만일 포탄에 더 큰 속도를 주게 된다면 포탄은 지구에 원을 그리며 도는 것이 아니라 지구로부터 먼 거리에 떨어져서 길쭉한 타원을 그리면서 돌 것이다. 그리고 더 큰 초속도일 때는 포탄은 지구에 돌아오지 않을 것이며, 우주 공간에서 끝없는 여행을 할 것이다(우연히 다른 별과 충돌할 수도 있지만, 지금 그것은 생각하지 말자.).

이와 같이 지구의 속박을 완전히 벗어나 끝없는 우주여행을 하기 위한 초속도는 매초 11km이다(지금까지의 계산에서는 공기의 저항을 생각하지 않았다. 즉 진공 속에서의 운동을 생각하였다.).

만일에 대기(공기)만 없었더라면 임의의 물체를 달까지 보내는 노력은 아무런 지장도 없었을 것이며 언제나 실현시킬 수 있는 일이 되었을 것이다.

그러나 현대의 대포로 얻을 수 있는 최대 초속도는 매초 2km 정도에 불과하다는 사실이다.

포탄 속에 앉아서 달나라 여행을 할 수 있을까?

앞의 문제에서 길이가 1.5km나 되는 굉장히 큰 대포를 생각하고 또 그것을 만들어서 땅에 연직방향으로 파묻는다. 포탄 속에는 사람이 들어가 앉을 수 있게 하였다.

포탄의 무게가 8톤이나 되기 때문에 발사하기 위해서는 약 160톤의 화약을 사용하여 발사한다. 이때 포탄은 매초 16km의 초속도를 가지지만, 공기의 저항으로 매초 11km의 속도까지 감소된다. 이 속도를 가지고도 능히 달까지 날아갈 수 있다.

이것을 물리학적으로 검토해 보기로 하자.

물리학적으로 보아 가능한가 또는 불가능한가, 그렇다면 그 이유는 무엇인가? 그러나 구체적으로 물리학, 역학, 화학, 천문학에서 규명된 사실이나 경험에 비추어볼 때 많은 결함들이 발생한다.

첫째로, 화약을 사용하는 대포는 포탄에 매초 3km 이상의 속도를 가질 수 없다는 것이다.

둘째로, 이렇게 큰 속도일수록 더 크게 작용하는 공기의 저항이 전혀 고려되어 있지가 않다. 공기의 저항을 생각한다면 포탄의 비행속도와 비행거리 등은 매우 달라지게 된다.

셋째로, 끝으로 가장 중요한 결함은 포탄 속에 앉아 있는 사람이 단 시간 동안에 어떤 급격한 운동변화에도 견디어낼 수 없다는 사실이다.

　대포의 포구를 무사히 빠져나올 수 있다면 만사는 해결되겠지만, 처음 장탄한 곳에서부터 포구까지의 운동이 인간의 생명에 있어서는 결정적으로 위험하다. 이러한 위험만 벗어날 수 있다면 그후의 대기 속이나, 우주공간에서의 여행은 아무리 그 속도가 빠르다고 하더라도 하등의 위험도 발생하지 않는다. 그 이유로는 실제로 인간도 지구와 함께 굉장히 큰 속도로써 태양의 주위를 돌고 있으나 하등의 위험을 느끼지 않고 있는 것과 마찬가지이다.

　포구에서 빠져나올 때까지의 운동이 사람에게는 얼마나 위험한 것인가를 고려해서 생각하여 보자. 포신에 따라 운동하는 시간은 수백분의 1초에 불과하다. 이런 짧은 시간 동안에 승객들은 0에서부터 매초 16km의 속도를 가지게 된다. 여기에서 승객들은 어떻게 울렁거리는 가슴을 진정시키면서 발사를 기다려야 하는가를 고민하였고, 또한 발사시에는 포탄 속으로 깊이 들어가야만 한다는 것을 생각하고 있었다. 그러나 위험이 그렇게 간단한 정도가 아니다.

　매초 16km의 속도로 운동하는 물체가 자기 앞을 가로막는 물건을 물리칠 힘과 똑같은 힘으로써 포탄 안에 있는 승객은 포탄의 벽에 부딪치게 될 것이다. 우리가 생각하고 있는 바와 같이 '최악의 경우에는 뇌출혈' 정도의 아주 작은 피해의 정도가 아니다.

　이때 벽에 부딪칠 힘을 계산하여 보자. 계산을 간단히 하기 위해서 아주 짧은 시간 동안에 속도가 매초 0에서 16km로 변하는 속도는 균일하게 증가된다고 가정하자.

그렇다면 수백 분의 1초 동안에 속도를 그렇게 크게 변화시키기 위한 가속도는 약 600km/초^{2}로 된다(이 계산은 후에 하자.). 이 숫자가 얼마나 크고 위험한 숫자인가는 지면상에서의 보통 중력의 가속도가 겨우 9.8m/초^{2}이라는 것을 상기해본다면 간단히 알 수가 있을 것이다. 즉 중력의 가속도보다도 약 60,000배나 더 큰 가속도 운동을 말한다.[1]

따라서 포탄 속에 앉아 있는 승객은 발사시에 자기의 무게보다 60,000배나 되는 압력으로 인하여 승객은 순간적으로 압착되고 말 것이다. 승객이 쓰고 있던 모자도 15톤이라는 무게가 될 것이다. 이 결과는 상상할 수도 없을 만큼 비참한 일이 아닐 수 없다.

그런데 이러한 위험을 피하기 위해서(충격을 약화시키기 위하여) 간단한 기술적인 대책이 필요하여 포탄의 중심부에 완충기를 설치하고 그 속에 있는 공간에 물을 넣어서 바닥을 이중으로 하였다. 그러나 이런 대책이라는 것도 충격이 계속되는 시간을 다만 얼마간의 시간을 연장시킬 뿐이지 위험을 면하게 하지는 못한다.

급격한 진동을 어떻게 약화시킬 것인가?

포탄의 속도는 단시간 내에 급격하게 증가하는데 그 증가하는 것을 어떻게 하면 약화시킬 수 있는가를 역학의 힘을 빌어서 알아보기로 하자.

우선 이것은 포신을 크게 연장시키면 어느 정도는 해결이 될 것이다. 그러나 발사시에 포탄 내부에 생기는 '인공적인 중력'이 지구상에서 보통의 중력과 비슷하게 하려면 포신은 굉장히 길어야만 할 것이다.

근사적으로 계산해 보더라도 포신의 길이가 6,000km나 되어야 한다. 지구 속에 파묻어 놓은 대포가 지구의 중심부에까지 들어가야만 되는 것을 의미한다.

이렇게 실현되는 경우에 승객이 겨우 2배가 무거워졌음을 느낄 수 있다. 더구나 인간의 모든 기관은 짧은 시간 동안에 중력이 수 배가 증가되는 것쯤은 견뎌낼 수가 있다.

간단하게 예를 들어 보자.

우리가 썰매를 타고 얼음산 위에서부터 아래로 미끄러져 내려가다가 그 운동방향을 급격하게 바꿀 때 이 짧은 시간 동안에 우리들의 무게는 현저하게 무거워진다. 따라서 우리들의 몸은 보통 때보다도 훨씬 더 세게 썰매를 누르게 된다. 이때 우리들은 약 3배쯤 되는 중력의 증가에도 견뎌낼 수가 있다.

사람들은 짧은 시간 동안에 수십 배가 되는 무게의 증가에도 견디어낼 수가 있다고 가정한다면, 달에 발사하기 위한 대포는 600km의 길이로 만들어야만 넉넉하게 될 수 있다. 그렇지만 이러한 결과도 우리들을 안심시킬 수는 없다. 그 이유는 기술적으로 불가능하기 때문이다. 끝으로 지금까지 제2장에서 취급하였던 약간의 계산들을 여기에서 확인해 보자.

지금까지 인용한 계산의 결과는 모두 근사치만 맞는 것이다. 그 이유는 포신 안에서 포탄이 등가속도운동을 한다는 가정에 근거를 두고 있기 때문이다(그러나 사실은 속도가 부등속적으로 증가한다.). 이러한 가정 하에서 등가속도운동에 관한 역학적인 공식들을 이용하면 우리에게 필요한 계산의 결과를 얻을 수 있다.

처음에 속도가 0이던 것이 t초 후에 속도 v로 되었다면, 이때의 가속도를 a라고 할 때

$$v = at$$

라는 관계가 성립되며, 이러한 t초 동안에 운동하는 경로 S는 다음과 같이 된다.

$$S = \frac{at^2}{2}$$

이상의 두 공식에 의하면, 우선 그 대포의 홈에서 미끄러져 나갈 때 포탄이 받는 가속도를 구할 수 있다.

이 계산에 필요한 S와 v는 각각 210m, 매초 16,000m이다. 따라서 a를 구하기 위해서는 t, 즉 포신 안에서 포탄이 운동하는 시간을 구할 필요가 있다(여기에서 잊지 말아야 할 것은 이 운동을 등가속도운동이라고 가정했다는 점이다.).

$$v = at = 16,000$$

$$210 = S = \frac{at \times t}{2} = \frac{16,000t}{2} = 8,000t$$

따라서

$$t = \frac{210}{8,000} \fallingdotseq \frac{1}{40} \text{ (초)}$$

여기에서 포탄은 포신 내부를 통틀어서 40분의 1초 동안에 빠져 나갔다는 것이 판명된다.

$$t = \frac{1}{40} \text{ 을 공식 } v = at\text{에 넣으면}$$

$$16,000 = \frac{1}{40} a$$

따라서 a = 640,000m/초^2

포신에서 운동하는 포탄이 받는 가속도는 640,000m/초^{2}로 이것은 중력가속도의 약 6,400배가 더 큰 값이다.

다음에는 포탄의 가속도가 낙하하는 물체의 가속도보다도 10배 더 크게 하기 위해서는(즉 100m/초^{2}의 가속도를 가지기 위해서는) 포신의 길이가 얼마나 되어야 하는가를 계산해 보자. 이 계산은 가속도를 계산하는 것과는 반대되는 과정이다.

대기의 저항이 없다고 가정하면

$$a = 100\text{m/초}^2,$$
$$v = 11\text{km/초이므로}$$
$$v = at\text{로부터 } 11,000 = 100t$$

t = 110초를 얻는다.

이 값을 공식

$$S = \frac{at^2}{2} = \frac{at \times t}{2}$$

에 대입하면, 대포(포신)의 길이 S는

$$\frac{11,000 \times 110}{2} = 605,000m$$

대략 600km가 된다.

가속도
일반적으로 단위 시간 동안에 변화하는 속도의 값과 같은 물리적인 양을 가속도라고 한다. 속도가 시간에 따라 어느 정도로 빨리 변화하는가 하는 것을 특징을 짓는 양이다.

예를 들어, 등변속운동을 하는 어떤 물체의 시간 t_0일 때의 속도를 V_0라고 하고, 시각 t에서의 속도를 v라고 하면

$$가속도\ W = \frac{V - V_0}{t - t_0}\ 로\ 표시된다.$$

일반적으로 어떤 순간 이후부터 Δt라는 시간 사이에 물체의 운

동속도가 ΔV만큼 증가하였다면, 그 Δt시간에 대한 운동의 평균 가속도 W는 다음과 같이 된다.

$$\overline{W} = \frac{\Delta V}{\Delta t}$$

그런데 시간 Δt가 무한히 작아질 때 평균가속도 $\overline{W}$의 극한을 구하면 그것이 주어진 순간에서의 가속도 $\overline{W}$로 된다.

$$W = \lim_{\Delta t \to 0} (\overline{W}) = \lim_{\Delta t \to 0} \frac{\Delta U}{\Delta t}$$

가속도 W가 시간에 따라 변하지 않는다면 그 운동은 등가속도운동이다. 이 경우 가속도의 크기는 단위 시간에 일어나는 속도의 변화와 수치적으로 같다.

가속도의 단위로서는 CGS 단위계에서 Δt=1초 동안의 속도가 ΔV=1cm/초 변할 때의 가속도를 취한다.

$$ 즉 \quad \frac{1cm/초}{1초} = 1cm^2/초^2$$

m/초^2 혹은 Km/시^2 등의 단위로도 사용한다.

주

1) 이러한 가속도를 경주용 자동차가 출발할 때의 가속도(3~4m/초^2)나 또는 기차가 출발할 때의 가속도(1m/초^2)와 비교한다면 아주 큰 차이가 있다는 것을 알 수 있다.

제3장 빛의 반사와 굴절

¤ 빛의 반사와 굴절

5중 사진은 어떻게 찍을까?

사진의 기술 중에서 재미있는 사실은 촬영할 대상(가령 사람)을 한꺼번에 5가지의 각도에서 한 장의 사진에 찍어 내는 방법이다.

이렇게 찍은 사진이 그림3-1에 표시되어 있다. 이러한 사진은 촬영되는 대상의 특징을 모든 각도에서 포착할 수 있다는 점에서 보통 사진에 비하여 훨씬 우월하다는 것은 의심할 바가 없다.

사실상 사진관에서 사진사들이 촬영할 대상을 이리저리 돌려보고 사진기를 이쪽 저쪽으로 옮기면서 가장 좋은 각도에서 찍기 위하여 애를 쓰는 것은 잘 알고 있는 사실이다.

그런데 여기에서는 한꺼번에 몇 개의 각도에서 찍는 것이기 때문에 그들 중에서 대상의 특징을 더 잘 포착한 사진을 얻을 가능성도 그만큼 많은 것이다.

그렇다면 이러한 사진을 어떻게 찍어 내는가? 물론 거울을 이용하는 방법이다(그림3-2).

그림 3-1 한 얼굴의 5중 사진

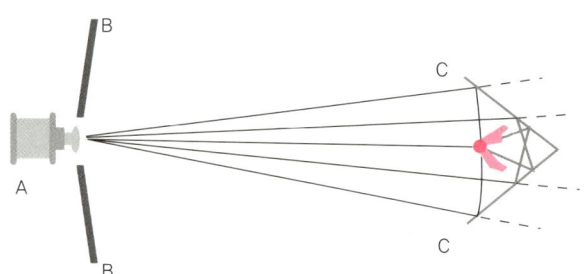

그림 3-2 5중 사진을 찍는 방법. 촬영 대상은 CC사이에 배치된다.

    촬영 대상은 사진기 A를 등지고 얼굴을 서로 $360°$의 $\frac{1}{5}$, 즉 $72°$에 가까운 각도로 벌어진 연직방향으로 세운 거울 C쪽을 향해서 앉는다. 이렇게 배치한 한 쌍의 거울은 사진기에 대해서 서로 다른 각도로 보이는 4개의 영상을 주어야 한다. 때문에 이 영상들에 원래의 대상을 합한 것이 사진기에 찍힌다.

    그런데 테두리가 없는 거울 자체는 사진기에 나타나지 않는다.

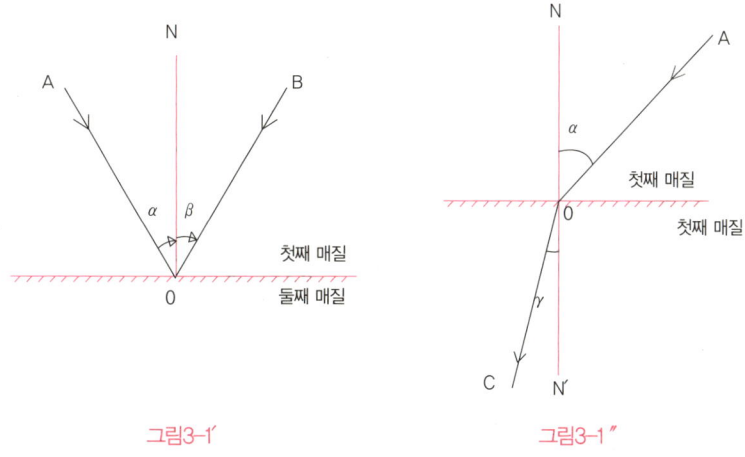

그림3-1′   그림3-1″

거울에서 사진기가 반사되어서 찍히지 않게 하기 위하여 사진기는 렌즈만 내다보이도록 작은 틈을 가지는 두 장의 가림판(BB) 뒤에 숨기게 한다.

영상의 수는 거울들을 벌린 그 사이의 각도에 따라 달라진다. 즉, 그 각도가 작아질수록 그것에서 얻는 영상의 수는 많아진다. 각도가 $\frac{360°}{4}=90°$ 일 때에는 4개의 영상을 얻을 것이다. 각도가 $\frac{360°}{6}=60°$ 일 때에는 6개의 영상, $\frac{360°}{8}=45°$ 일 때에는 8개의 영상을 얻게 된다.

그러나 반사의 수가 많아질 때는 영상이 흐려지고 사진도 희미해진다. 따라서 보통은 5중 사진 정도로 제한한다.

빛의 반사현상
빛이 두 개의 서로 다른 매질, 이를테면 공기와 유리의 경계면을 통과할 때 그 일부가 반사되게 되는데 이러한 현상을 빛의 반사현상이라고 한다.

이때 입사광선과 반사광선 사이에서는 다음과 같은 법칙이 성립된다.

1) 입사광선 AO, 법선 ON, 반사광선 OB는 동일한 평면 내에 있다.
2) 입사각 α와 반사각 β는 같다.

$$즉\ \alpha = \beta$$

반사광선 OB는 법선 ON에 대하여 입사광선 AO와는 반대편에 있다. 이것을 빛의 반사법칙이라고 한다.

빛의 반사법칙은 경계면이 평면인 경우에는 어떤 색깔의 빛에 대해서도 항상 성립한다. 그러나 입사점 부근에서 그 두 개의 매질 사이의 경계면이 평면이라고 볼 수 있는 부분이 아주 적거나 면이 울룩불룩한 정도가 심한 경우에는 이 법칙이 성립되지 않는다.

빛의 굴절현상
빛이 한 매질에서 다른 매질 속으로 들어갈 때 그 매질들에서 빛이 전파되는 속도의 차이에 따라 빛의 방향이 변하게 되는데, 이러한 현상을 빛의 굴절현상이라고 한다.

이때 입사광선과 굴절광선 사이에서는 다음과 같은 법칙이 성립한다.

AO ; 입사광선

OC ; 굴절광선

각 α ; 입사각

각 γ ; 굴절각

NN ; 법선

1) 입사광선 AO, 입사점에서의 법선 NN 및 굴절광선 OC는 모두 동일한 평면 내에 있다.
2) 입사각 α의 사인값과 굴절각 γ의 사인값 비는 그 두 개의 매질에 대하여 일정한 값을 가지며 입사각의 크기에는 무관하다.

$$\frac{\sin\alpha}{\sin\gamma} = n_{12}$$

이때 상수 n_{12}는 첫째 매질에 대한 둘째 매질의 상대굴절률이라고 부른다. 한쪽 매질이 진공일 때 둘째 매질의 굴절률을 그 물질의 절대굴절률이라고 한다. 이것이 빛의 굴절법칙이다.

태양 에너지

공장에 있는 증기기관의 보일러에서 물을 끓이기 위하여 태양광선의 에너지를 이용하자는 생각은 아주 그럴듯한 생각이다. 이것은 간단한 계산을 해 보아도 알 수가 있다.

지구의 대기권 밖에서 태양광선에 수직으로 놓은 면의 매 cm^2가 1분 동안에 태양으로부터 받는 에너지의 양은 정밀하게 측정되어 있다. 이 값에는 눈에 띌 만한 큰 변동이 생기지는 않는다.

이러한 의미에서 이 값을 '태양 항수'라고 부르기도 한다. 태양 항수는 매 cm^2당 1분간에 약 2cal이다.

태양으로부터 정상적으로 지구에 공급되는 이와 같은 열량은 그 전부가 지구 표면에까지 도달하는 것은 아니다. 약 반cal는 대기층에 흡수된다.

태양광선에 수직으로 놓인 $1cm^2$의 지구 표면은 1분 동안에 약 1.4cal의 에너지를 받는다고 볼 수 있다. $1m^2$에 대해서 말한다면 이 값은 매분 약 14,000cal가 되며, 따라서 1초 동안에 이 면적이 받는 에너지는 약 $\frac{1}{4}$kcal가 된다.

그런데 1kcal가 완전히 역학적인 일로 변한다면 427kgm의 일을 주기 때문에 지구 표면의 $1m^2$의 부분에 수직으로 들어오는 태양광선은 100kgm 이상의 에너지를 매 초마다 줄 수 있을 것이다. 다시 말해서, 이것은 1 마력 이상의 공률을 말한다.

가장 좋은 조건은 태양광선이 수직으로 입사하고, 그 입사한 에너지의 100%가 일로 변할 수 있는 조건에서라면 태양의 방사에너지가 이러한 일을 수행할 수 있게 될 것이다.

그러나 태양의 에너지를 동력으로서 직접 이용하려는 시도 중에서 지금까지 실현된 것은 이러한 이상적인 조건과는 거리가 매우 멀다.

그의 유효율은 5~6%를 넘지 않았으며, 최근에는 더 개량된 태양

기관설비에서도 그 유효율이 가장 큰 것이 겨우 20%에 달하는 정도다.

투명인간의 꿈을 실현시킬 수는 없을까?

사람이 자기 자신을 남에게 보이지 않게 하는 방법이 없을까?

이것은 오랜 옛날부터 꿈꾸어 왔었던 문제다. 가령 머리에 쓰기만 하면 그 사람이 보이지 않게 된다는 '도깨비 감투'에 대한 옛날이야기가 있는데 이와 같은 이야기에 대해서 이야기해 보자.

옛날에는 굉장히 환상적이던 마법들이 오늘날에는 과학의 힘에 의하여 실현되기에 이르렀다. 우리는 산에 구멍을 뚫기도 하고, 벼락을 붙잡기도 하고, 하늘을 날아다니기도 한다.

그렇다면 '도깨비 감투'도 발명할 수 있지 않을까? 자기 몸을 전혀 보이지 않게 하는 방법을 찾을 수 있지 않을까?

우리는 이제 이 문제에 관해서 이야기를 하기로 하자.

『투명인간』이라는 소설에서 작가는 이 소설의 독자들에게 사람을 보이지 않게 하는 것이 완전히 실현 가능하다는 것을 납득시킬려고 노력하고 있다. 이 소설의 주인공(작가는 주인공을 '세계에서 제일 천재적인 물리학자'로서 우리에게 소개한다.)은 사람의 몸을 보이지 않게 하는 방법을 발명하였다. 소설의 주인공은 자신과 친한 의사에게 자신의 발명의 기본적인 내용을 아래와 같이 설명하고 있다.

"보인다 안보인다 하는 것은 우리가 보려고 하는 그 물체가 빛에 대하여 어떤 작용을 하는가에 달려있는 것입니다. 물체들은 빛을 흡수하거나 반사하고 혹은 굴절시킵니다. 만약에 물체가 빛을 흡수하지도 않고 반사나 굴절도 시키지 않는다면 사실상 그것은 보이지 않을 것입니다.

가령 투명하지 않은 붉은 통을 본다는 것은 통에 바른 물감이 빛의 일부분을 흡수하여 다른 광선을 반사 또는 산란시키기 때문입니다. 만일에 통이 빛을 조금도 흡수하지 않고 그 전부를 반사해 버린다면 그 통은 번쩍거리는 흰 통(은으로 만든 통)처럼 보일 것입니다. 수정처럼 번쩍거리는 통은 빛을 덜 흡수할 것이며, 그 전체 표면은 빛을 덜 반사할 것입니다. 다만 통의 등에서만 빛을 반사할 것이며 또한 굴절시킬 것입니다. 그리하여 번쩍거리고 황홀하게 보일 것입니다. 유리통이 덜 번쩍거리는 것은 빛의 반사와 굴절이 작기 때문이며 따라서 그다지 분명하게 보이지 않는 것입니다.

만일 빛깔이 없는 보통의 유리조각을 물 속에 집어넣고 그 물 속에 물보다 밀도가 좀 큰 어떤 액체를 점점 부어 넣으면 유리조각은 거의 보이지 않게 사라져버리게 됩니다. 왜냐하면 물 속을 지나 유리조각으로 떨어지는 빛은 매우 약하게 반사되고 굴절하기 때문입니다. 공기 속에서 탄산가스나 수소의 흐름이 보이지 않는 것과 똑같은 이유로 인하여 이 경우에 있어서도 유리가 보이지 않게 되는 것입니다."

"옳습니다. 그것은 매우 간단한 것이지요. 이제는 어린학생들까지도 그쯤은 잘 알고 있지요."

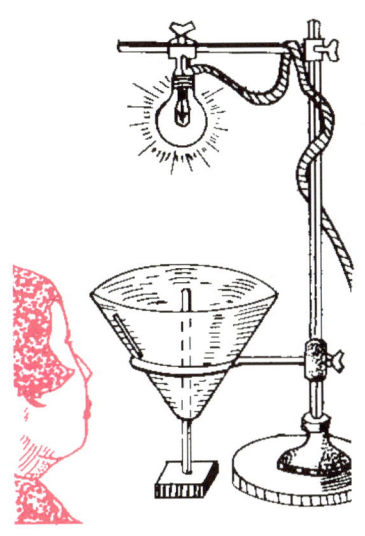

그림 3-3 보이지 않는 유리막대기

의사는 맞장구를 하였다.

"어린 학생들까지도 잘 알 수 있는 사실은 그것뿐이 아닙니다. 만일에 유리조각을 부스러뜨려서 가루로 만들면 그것은 공기 중에서 매우 분명하게 보이게 됩니다. 즉 유리가루는 투명하지 않은 흰 가루로 되는 것입니다. 왜 이렇게 되는가 하면 유리를 깨뜨림으로써 빛의 반사와 굴절이 일어나는 유리의 면이 많아지기 때문입니다. 유리판이라면 거기에는 두 개의 면이 있을 따름입니다. 그런데 유리가루는 개개의 유리가루에서 빛의 반사와 굴절을 하고 가루를 통과해서 지나가는 빛은 극히 작게 됩니다. 그런데 만일 이 흰 유리가루를 물 속에 넣으면 그들은 단번에 사라져 버립니다. 부스러뜨린

유리가루와 물은 서로 비슷한 굴절률을 가지고 있어서 빛 하나에서 다른 것으로 넘어갈 때 거기에서는 반사와 굴절이 극히 작습니다.

　유리를 그것과 비슷한 굴절률을 가지는 어떤 액체에 넣으면 보이지 않게 할 수 있습니다. 결국 모든 투명물질은 같은 굴절률을 가지는 매질 속에 넣으면 보이지 않게 됩니다. 유리를 공기 중에서도 보이지 않게 할 수 있다는 것을 확신하기 위해서는 더 생각해 볼 필요도 없습니다. 유리의 굴절률을 공기의 굴절률과 같도록 하면 될 것입니다. 그때는 빛이 유리에서 공기 중으로 지나가면서 전혀 굴절도 하지 않고 반사도 하지 않게 될 것입니다."[1]

　"네. 옳습니다."

　"그러나 사람이 어디 유리처럼 될라구요?"

　의사는 맞장구를 치면서도 믿지 못하겠다는 투로 말하였다.

　"아닙니다. 사람은 유리보다 더 투명합니다."

　"무슨 헛된 말씀을!"

　"자연과학자가 그런 말씀을 하시다니! 당신은 10년 동안에 물리학을 죄다 잊어버리시고 말았습니까?

　이를테면 종이는 투명한 섬유로 되어 있지만 유리가루가 희고 불투명한 것과 똑같은 이유로써 희면서도 투명하지 않습니다. 흰 종이에 기름칠을 해보십시오. 종이 표면에서만 빛이 굴절과 반사가 일어나도록 섬유들 사이를 기름으로 채워 보십시오. 그러면 종이는 유리처럼 투명해질 것입니다. 종이뿐 아니라 아마의 섬유도, 모직물의 섬유도, 목재의 섬유도, 우리들의 뼈도, 근육도, 머리카락도, 손톱도, 발톱도, 신경도 모두 그와 마찬가지입니다. 말하자면 사람의 피 속에 있는 붉은 물질과 머리털의 검은 색소를 제외하고는 사람의 전체 구성성분이 모두 투명한 빛깔이 없는 조직으로 되어 있습니다. 이리하여 사람을 구성하는 물체들 중에서 많지 않은 일부분만이 사람들로 하여금 서로 서로를 볼 수 있게 할 따름입니다."

털이 없는 백변종 동물(백변종이라는 것은 조직에 색소가 없는 그러한 동물의 변종이다. 속된 말로 우리는 이것을 소위 '백둥이'라고 부른다)이 현저하게 투명하다는 사실은 이상의 논의를 확증하는 것이 될 것이다.

1934년에 흰 백변종 개구리를 발견한 동물학자는 그것에 대해서 다음과 같이 서술하고 있다.

"얇은 피부조직과 근육조직은 훤히 투명하게 들여다 보인다. 즉 내장들과 골격이 밖에서도 보인다. 백변종 개구리에 있어서는 간단한 구조의 심장과 소화관이 매우 잘 보인다."

소설의 주인공은 인체기관의 모든 조직을 그리고 색소까지도 투명하게 하는 방법을 발명하였다. 실험은 성공적으로 수행되었으며 주인공은 완전히 보이지 않게 되었다.

사실 이러한 일이 가능한지 불가능한지를 논의하기 전에 우선 이 투명인간이 어떤 위력을 가지고 있으며 어떤 운명에 처하는지를 알아보기로 하자.

소설 『투명인간』의 작가 웰스는 투명하고 보이지 않게 된 사람은 누구나가 자기에게 대항할 수 없을 만큼 거대한 위력을 가진다는 것에 대하여 다음과 같이 쓰고 있다.

"그는 어떤 곳으로든지 감쪽같이 기어 들어갈 수 있으며 경찰도 무서워하지 않는다. 보이지 않는 덕택으로 붙잡히지도 않는 그는 무장한 적과 성공적으로 싸움을 하기도 한다."

투명한 동물 표본은 어떻게 만들었나?

『투명인간』이라는 환상 소설의 기본구조에 놓여 있는 물리학적인 논의는 정당한 것인가? 무조건 정당하다.

투명한 매질 속에 있는 모든 투명물체는 그 물체와 매질 사이의 굴절률의 차이가 0.05보다 작게 되면 이미 보이지 않게 된다.

『투명인간』이라는 소설이 서술된 지 10년이 지난 후에 동물들의 일부분 또는 동물시체 전체의 투명표본이 실현되었다. 이러한 표본들을 이제는 많은 박물관이나 생물학습실에서도 볼 수 있다.

투명표본의 제작방법을 간단히 말하면 다음과 같다.

표백을 하고 세척을 하는 등의 일정한 가공을 거친 후에 표본을 살리실산의 메틸에스테르(이것은 강력한 빛의 굴절성을 가지는 빛깔이 없는 액체다.)에 담근다. 이와 같이 한 쥐와 물고기 표본을 똑같은 액체를 채운 유리병에 담는다. 이때 물론 표본을 완전히 투명하게 하려고 하지는 않는다. 왜냐하면 이런 경우에는 표본은 전혀 보이지 않게 될 것이며 해부학자들에게는 무익한 것으로 간주되기 때문이다. 그러나 필요하다면 전혀 보이지 않게도 할 수 있을 것이다.

그러나 전혀 보이지 않을 만큼 투명한 사람에 관한 공상을 실현하기에는 아직은 머나먼 이야기이다. 왜냐하면 우선 살아 있는 유기체 조직의 작용을 손상시키지 않으면서 투명한 액체로 적셔주어야 할 것이 첫 번째 어려운 문제이고, 두 번째는 그렇게 적셔준다고 하더라도 투명해지기는 하지만 보이기 때문이다.

일정한 굴절률을 가진 액체가 들어 있는 그릇에 담가두기만 해도 보이지 않게 될 수 있다. 그 굴절률과 같아질 때만 사람은 공기 중에서 보이지 않을 수가 있는데 이렇게 할 수 있는 방법을 아직 우리는 알 수가 없다.

그러나 시간의 흐름과 더불어 몇 년 후에는 그러한 것들이 성공하여 작가의 꿈이 실현된다고 가정하자. 그때 우리는 적의 후방에 나타나서 보이지 않는 초인간적인 공격으로 적에게 공포를 주게 하는 전사나 보이지 않는 군대를 가질 수 있을까?

이 소설에서는 작가 자신까지도 자기가 쓴 사건들에 속아 넘어갈 만큼 그렇게도 상세하게 모든 것을 예언하고 또 고찰하고 있다. 그러나 이것은 그렇게 되지는 않는다.

『투명인간』의 작가가 미처 생각하지 못한 하나의 작은 사정이 있는데 그것은 다음과 같은 문제다.

투명인간 자신이 다른 것을 볼 수 있을까?

만일 웰스가 이 소설을 쓰기 전에 우선 이런 문제를 제기하였다면 『투명인간』이라는 이 놀랄 만한 이야기는 아마 서술하지 않았을 것이다.

사실 이 점에 있어서 투명인간이 소설에서 위력을 부리는 환상은 무너져버리고 마는 것이다. 투명인간은 장님이기 때문이다.

왜 투명인간은 볼 수가 없는가? 왜냐하면 신체의 모든 부분이(따라서 눈알까지도) 투명하고 그의 굴절률이 공기의 굴절률과 똑같아지기 때문이다.

눈의 역할이 무엇인가 하는 것을 상기하여 보자.

눈의 수정체와 유리체 및 기타의 부분들은 외부에 있는 대상의 영상이 눈 안에 있는 망막 뒤에 맺어지도록 광선을 굴절시키는 것이다.

그런데 눈과 공기의 굴절률이 같다고 하면 빛의 굴절을 일으키는 유일한 원인이 사라져버리고 만다. 즉 동일한 굴절률을 가지는 하나의 매질로부터 다른 매질로 넘어갈 때 광선의 방향은 변하지 않으며 광선이 한 점에 모아지지도 않는다. 광선은 굴절도 하지 않고 눈에는 색소가 없기 때문에 그곳에 걸리지도 않으면서 아무런 방해도 없이 투명인간의 눈을 지나가고 만다. 따라서 그는 아무런 시각도 일으키지 못한다.[2]

이와 같이 투명인간은 아무 것도 볼 수가 없는 것이다. 투명인간에게 아무리 탁월한 장점이 있다고 하더라도, 그것이 자기 스스로에게는 아무런 이익도 주지 못한다.

따라서 그렇게도 권력을 열망하던 이 투명인간은 다른 사람의 도움을 빌려야만 헛되게 더듬거리면서 돌아다닐 수가 있을 것이다. 왜냐하면 이 불쌍한 사람은 장님인 까닭에… 투명인간은 살아가기 힘든 처지에 빠진 의지할 곳 없는 가련한 병신이 되고 말 것이다.

현대의 잠수함의 위력도 그것이 보이지 않는다는 잇점에 있는 것이다. 바다 위에 떠 있는 함선에 가까이 접근하여 함선을 향하여 어뢰를 발사한다. 그러나 잠수함에 달린 눈(잠망경)을 깨뜨려버린다면 잠수함은 전혀 무능력한 것이 되고 만다. 즉 '눈이 먼' 잠수함은 적에게 보이지 않는다는 잇점을 이용할 수 있는 가능성을 상실하고 마는 것이다.

이상과 같이 투명인간을 탐색한다는 것은 무익한 일이다. 그러한 방법의 탐색이 완전히 성공적으로 얻어졌다고 할지라도 우리들의 궁극적인 목적은 이루어지지 않는다.

보호색이란 무엇인가?

그런데 '도깨비 감투'의 문제를 해결하는 다른 방법도 있다. 눈에 띄지 않는 일정한 빛깔로서 대상을 물들이는 방법이 그것이다.

자연은 끊임없이 그러한 길로 나아가고 있다. 즉 자연은 자기의 창조물들을 '위장'하는 물감으로 물들이면서 자기의 창조물들을 적들의 위협으로부터 보호하며 혹은 곤란한 생존투쟁을 극복하기 위해 매우 큰 범위에서 이 간단한 수단을 사용하고 있다.

군사학에서 '위장'이라고 부르는 그것을 동물학자들은 보호색이라고 부르고 있다. 동물계에 있어서도 이러한 방법에 의한 자체 보호의 예는 얼마든지 들 수 있다. 우리는 그야말로 문자 그대로 매 걸음마다 그것을 보게 된다.

사막지대에 사는 동물들은 대부분의 특징적인 누르스름한 '사막색'을 띠고 있다. 이러한 빛깔을 사자, 새들, 도마뱀, 거미, 각종 벌레들에게서도 그야말로 사막의 동물상의 모든 것들에게서도 이 보호색을 보게 된다.

그와는 반대로 북쪽의 눈 위에서 사는 동물들인 무서운 백곰이나 약한 물오리는 흰색을 가져서 눈의 배경에서 보이지 않도록 되어 있다. 나무껍질에 사는 나비들이나 굼벵이들은 놀랄 만큼 정확하게 나무껍질의 빛깔을 그대로 가진 보호색을 가지고 있다.

모든 곤충채집가들은 곤충들의 '보호색' 때문에 그것을 알아보기가 얼마나 힘든 것인가 하는 것을 늘 경험하고 있다. 무르익은 논에 날아다니는 메뚜기를 잡으려고 해 보아라. 누릇누릇해진 벼잎에 앉아 있는 메뚜기는 여간해서는 분간하기 힘든 일이다.

이것은 물 속에서 사는 동물들에 있어서도 마찬가지다. 갈색의 해초 사이에서 사는 바다고기들은 그들이 다른 동물의 눈에 띄지 않게 하기 위해 갈색의 '보호색'을 가지고 있다. 붉은 해초가 있는 곳에서는 붉은색이 '보호색'이다.

은빛의 비늘은 물 위에서 노리고 들여다보는 새들과 또는 아래쪽에서 위협하는 적으로부터 물고기들을 보호한다. 즉 수면은 위에서 내려다볼 때만 거울 모양으로 보이는 것이 아니라 물 아래에서 위로 올려볼 때도 그러한 것이다('전반사'를 참고하라.). 그리하여 은빛깔의 물고기의 비늘은 이 번쩍거리는 금속광택을 가지는 배경에 의하여 구별하기가 매우 힘들다.

해파리나 새우류 또는 연체동물과 같은 물에서 사는 동물들은 빛깔이 없고 투명한 물 속에서 그들을 보이지 않게 하기 위해서 완전한 물색과 투명성을 자기의 '보호색'으로 선택하였다.

이러한 측면에 있어서 자연의 '지혜'는 인간의 발명들을 훨씬 능가하고 있다. 수많은 동물들이 주위환경의 변화에 따라 자기의 '보호색'의 빛깔을 바꿀 수 있는 능력을 가지고 있다.

눈 위에서는 나타나지 않던 은백색의 산 짐승들은 눈이 녹을 때 자기의 빛깔을 바꾸지 않는다면 자기의 보호색이 가지고 있던 모든 잇점들을 상실하고 만다. 바로 그렇기 때문에 매년 봄이 올 때마다 흰 짐승들은 눈이 녹아 없어진 땅색과 똑같은 흙색의 새 털옷을 입고 겨울이 되면 또다시 흰색의 겨울옷을 입는다.

보호색에는 어떤 것이 있는가?

사람들은 자신의 몸을 눈에 띄지 않게 주위 배경과 혼동시키는 이 효과적인 예술을 많이 응용하고 있다.

전쟁의 풍경을 묘사한 옛날 그림들에서는 휘황찬란한 군복의 얼룩덜룩한 빛깔이 많았는데 이것은 영원히 아득한 과거의 것이 되고 말았다.

우선 우리가 잘 알고 있는 보호색은 단색 군복이다. 알록달록하게 수를 놓은 옛날의 군복이 없어지고 국방색 또는 흙색의 군용 외투가 나왔으며 장래의 군복에서는 똑똑한 반점이라고는 하나도 볼 수 없게 될 것이다.

각종 군함들을 회색 빛깔을 칠하는 것도 군함이 바다를 배경으로 할 때 눈에 잘 보이지 않도록 하기 위한 방어색인 것이다.

'전술위장'도 이 부류에 속한다. 여러 가지 대상의 목표인 화점, 무기, 탱크, 선박 등의 전투위장, 연막 및 적들을 착오에 빠뜨리게 하는 이와 비슷한 각종 수단들이 그것이다. 천막에는 특별한 그물을 씌우고 거기에 풀을 끼워서 위장을 한다.

현대의 군용 항공기에 있어서도 방어색과 위장이 널리 이용되고 있다. 땅색과 같은 흙색, 짙은 누른색, 푸른색들로 얼룩덜룩 물들인 비행기는 그 위에 떠 있는 비행기에서 내려다볼 때에 땅 표면의 배경과 구별하기가 곤란하다.

땅에서의 관측으로부터 비행기를 위장하기 위해서는 비행기의 아래쪽을 하늘의 배경과 일치하는 밝은 하늘색, 밝은 장미색, 흰색으로 채색한다.

이러한 채색은 이미 750m의 고도에서 희미한 배경에 혼동되고 만다. 3,000m의 고도에서는 이러한 위장을 한 비행기는 보이지 않게 된다. 야간 폭격기는 검은 빛깔로 채색한다.

모든 조건에 대해서 적절한 방어색으로 되는 것은 배경을 반사하는 거울면이다. 이러한 면을 가지고 있는 대상 목표는 자동적으로 자기 주위의 환경과 똑같은 모양과 채색을 가질 것이다. 따라서 먼 거리에서 그의 존재를 밝힌다는 것은 거의 불가능한 일이다.

방어색은 제1차 세계대전 당시에 비행선에 적절하게 적용하였다. 비행선들의 표면에는 번쩍거리는 알루미늄 도료를 칠해서 그것이 하늘과 구름을 반사하도록 하였다. 엔진의 소음만 없다면 이러한 비행선을 알아낸다는 것은 매우 곤란한 일이었다.
　'도깨비 감투'에 관한 옛이야기의 꿈은 자연과 군사학에서 이상과 같이 실현되고 있다.

물 속에서 사람이 눈으로 볼 수 있는가?

　여러분들에게 물 속에서 얼마든지 오랫동안 머물러 있을 수 있는 가능성이 주어져서 눈을 뜬 채로 있을 수 있다고 가정하자. 그렇다면 여러분들은 물 속에서 다른 사물들을 볼 수 있을까?
　여러분들은 어쨌든 물이야 투명한 것이니까, 물 속에서도 공기 중에서와 마찬가지로 아무런 불편함도 없이 사람은 잘 볼 수 있을 것이라고 생각할지도 모른다.
　그러나 투명인간이 장님이라는 것을 상기하여라. 투명인간은 그의 눈과 공기의 굴절률이 동일하기 때문에 볼 수가 없었다. 물 속에서도 마치 공기 중에서의 투명인간과 거의 같은 조건에 처하게 된다.
　우선 숫자적으로 고찰하여 보면 문제는 더욱 분명해진다.
　물의 굴절률은 1.34이다. 그런데 사람의 눈에 있는 투명 매질들의 굴절률은 다음과 같다.

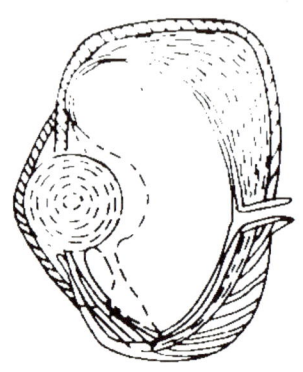

그림 3-4 물고기의 눈의 단면. 수정체는 공과 같은 모양을 가지고 있으며 이것은 조절시에 형태가 변하지 않는다. 형태를 변화하는 대신에 눈의 수정체의 위치가 변한다(점선으로 표시되어 있다.).

각막과 유리체 ············· 1.34
수정체················· 1.43
수양체(水樣)   ············ 1.34

이와 같이 수정체의 굴절률이 물의 그것보다 $\frac{1}{10}$ 정도밖에는 더 크지 않고, 다른 것들은 물의 굴절률과 동일하다.

따라서 물 속에서는 사람의 눈에 있는 망막의 훨씬 뒤에 광선의 초점이 있게 된다. 그래서 망막 위에는 똑똑하지 못한 흐린 영상이 맺어질 것이고, 그것은 겨우 대상의 물체를 식별할 수 있을 정도다. 이때는 심한 근시안을 가진 사람들만이 어느 정도는 정상적으로 보게 될 것이다.

물 속에서 사물을 볼 때 우리 눈에는 그것이 어떤 모양으로 보이는지를 직관적으로 알고 싶다면 강력한 발산렌즈(양쪽이 모두 오목한 렌즈)로 된 안경을 착용해 보아라. 그러면 눈에서 굴절되는 광선의 초점은 망막보다 훨씬 뒤로 옮겨진다. 따라서 주위의 사물들은 희미하고 안개가 낀 것처럼 보이게 될 것이다.

강력한 렌즈를 이용하면 물 속에서도 사람은 시각이 나빠지지 않게 할 수 있지 않을까?

물론 그렇다.

그러나 안경에 사용되는 보통의 유리는 여기에서는 그리 적합하지 못하다. 보통 유리의 굴절률은 1.5이고, 이는 물의 굴절률(1.34)보다 조금밖에는 크지 않다. 이러한 안경은 물 속에서는 빛을 굴절시키는 것이 극히 미약하다.

따라서 여기에서는 특별히 강력한 굴절률을 가진 유리가 필요하다(플린트유리는 굴절률이 거의 2배에 달한다.). 이러한 안경으로는 물 속에서도 어느 정도는 똑똑하게 볼 수 있다(잠수부들이 사용하는 특별한 안경에 관해서는 후에 말하겠다.).

이제는 왜 물고기의 눈이 몹시 두드러져 나온 모양을 하고 있는가를 이해할 수 있을 것이다. 물고기의 눈은 공의 모양을 하고 있고, 눈의 굴절률은 우리가 아는 어떤 동물들의 눈의 굴절률보다도 크다.

그렇지 않다면 강력한 굴절률을 가지는 투명한 매질 속에서 살아야만 하는 물고기에게는 눈이 거의 무익한 것이 될 것이다.

잠수부들은 물 속에서 어떻게 보는가?

만일 우리들의 눈이 물 속에서 거의 빛을 굴절시키지 못한다면 잠수복을 입고 일하는 잠수부들은 물 속에서 어떻게 보는가?

"잠수모에는 언제나 평면 유리창이 붙어 있지는 않은데……"

아마 수많은 사람들이 이렇게 질문할 것이다. 그러나 이 문제에 대답하는 것은 결코 어렵지가 않다.

우리가 잠수복을 입지 않고 물 속에 들어가면 물은 우리들의 눈에 직접 접촉되고, 잠수모를 쓰면 공기(및 유리의) 층에 의하여 눈이 접촉되어 눈이 물과 멀어지게 된다는 것을 상기한다면 이 문제의 대답은 아주 간단하다.

물이 눈과 직접 접촉되지 않게 된다는 이것은 모든 문제를 근본적으로 바꾸어버리는 것이다.

광선은 물을 지나 유리를 통과한 후, 우선 공기 속으로 들어간 다음에야 비로소 사람의 눈으로 들어간다. 어떤 각을 이루면서 광선이 물에서부터 평행한 평면유리로 입사된다면 광학의 법칙에 따라 유리에서 투과되어 나오는 광선은 자기의 방향을 바꾸지 않는다.

그러나 공기로부터 눈으로 광선이 지나서 들어갈 때는 굴절하며 이러한 조건에서는 눈은 물 밖에 있을 때와 똑같이 작용하는 것이다. 이것으로써 우리들을 약간 혼란에 빠뜨렸던 모순에 대한 대답이 끝난다.

이에 대한 좋은 실례로는 수족관에서 기르는 금붕어나 물고기가 아주 잘 보인다는 것이다.

그림 3-5 잠수부가 쓰는 안경은 속이 빈 평면 오목렌즈로 되어 있다. 광선은 경로 MNOP에 따라 굴절해 지나간다. 렌즈 내부에서는 광선의 경로는 입사점에 세운 법선으로부터 많이 기울어지고, 렌즈 밖에서는 법선에 접근한다. 따라서 렌즈는 집광 렌즈로서 작용한다.

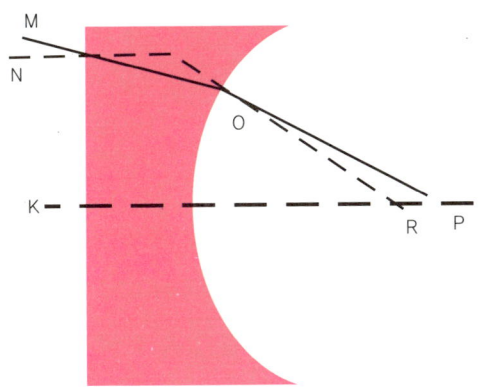

물 속에서는 렌즈가 어떤 역할을 하는가?

양쪽이 볼록한 렌즈(확대경 또는 돋보기)를 물 속에 집어넣고 그것을 통하여 물 속의 대상들을 관찰하는 실험을 해본 일이 있는가?

만일 실험을 해본 일이 없다면 지금이라도 실험을 해보아라. 그러면 여러분들은 예상하지 않았던 일에 깜짝 놀랄 것이다.

물 속에서는 확대경이 거의 역할을 하지 못한다. 양쪽이 오목한 렌즈를 물 속에 담가 보아라. 확대경을 통해서 보면 대상들이 현저하게 작게 보여야 할 것임에도 불구하고 물 속에서는 이런 성질이 몹시 약해진다.

만일 여러분들이 이러한 실험을 물을 가지고 하지 않고 유리보다도 더 큰 굴절률을 가지는 액체를 가지고 한다면 볼록렌즈는 대상을 오히려 작게 보이게 하고 오목렌즈는 대상을 확대할 것이다.

그러나 광선의 굴절법칙을 상기해 보라. 그러면 여러분들은 이 기묘한 현상에 놀라지 않아도 될 것이다. 양쪽이 오목한 렌즈가 공기 중에서 대상을 확대하는 것은 유리가 그것을 둘러싸고 있는 공기보다도 더 빛을 굴절시키는 까닭이다. 그런데 유리와 물의 굴절률의 차이는 크지 않다.

만약에 여러분들이 렌즈를 물 속에 담가 본다면 광선은 물에서 유리를 지나갈 때 그 경로가 크게 기울어지지 않는다. 그렇기 때문에 물 속에서는 확대경이 공기 속에 있을 때에 비해 아주 약하게 확대하며 오목렌즈도 대상은 조금밖에 축소시키지 못한다.

가령 모노브롬나프탈렌과 같은 것은 유리보다도 더 세게 광선을 굴절시킨다. 따라서 이 액체 속에서는 확대경이 대상을 축소시키며 오목렌즈가 대상을 확대시킨다.

물 속에서는 속이 빈 렌즈(정확히 말하면 공기렌즈다)도 이렇게 작용한다. 즉 오목렌즈가 대상을 확대시키고 볼록렌즈가 대상을 축소시킨다. 잠수용 안경이 이렇게 속이 빈 렌즈로 되어 있다.

전반사

입사한 빛이 경계면을 지나서 다음의 매질 속으로 들어가는 것이 아니라, 모두 입사한 매질 내로 다시 반사되는 현상을 전반사라고 한다. 전반사라는 것은 굴절률이 서로 다른 두 개의 매질의 경계면에서 빛이 반사되는 형태 중에서 특수한 것이다.

그림 3-6 물을 담은 컵에 잠긴 숟가락이 구부러져 보인다.

그러나 전반사가 언제나 일어나는 것이 아니라, 전반사는 입사각이 전반사의 임계각보다 클 때 일어난다.

임계각이라는 것은 전반사를 일으킬 수 있는 최소한의 입사각을 말한다.

상대굴절률이 1보다 큰 매질로부터 매질 경계로 입사하는 광선이 경계에서 굴절할 때는 항상 입사각보다 크다. 그러므로 이때는 굴절각이 90°가 되는 그러한 입사각(90°보다 작은)이 존재한다. 이때의 입사각이 곧 임계각이다.

입사각이 임계각보다 큰 경우에는 경계에서의 굴절은 전혀 일어나지 않고 입사광 전체가 처음의 매질로 반사의 법칙에 따라 다시 반사된다.

상대굴절률이 n이라면 임계각 i는

$$\sin i 임 = \frac{1}{n}$$

로 결정된다. 공기의 물에 대한 임계각은 48°이다.

전반사는 광학기구에서 빛 에너지의 손실 없이 광선의 방향을 변화시키는 데 광범위하게 이용된다.

렌즈의 공식
주축 위에 놓인 광점(대상점)이 렌즈에 의하여 주축 위에 영상을 줄 때 영상으로부터 렌즈까지의 거리와 광점으로부터 렌즈까지의 거리 사이의 관계를 표시하는 수학적 공식을 말한다.

논증을 즐기는 여러분들은 위에 든 사실을 렌즈의 공식에 근거하여 다시 생각해볼 때 문제의 본질을 쉽게 이해할 수 있을 것이다. 렌즈의 공식은 초점거리가 f인 얇은 렌즈에 대해서는 다음과 같이 표시된다.

$$\frac{1}{s} + \frac{1}{d} = \frac{1}{f}$$

여기에서 s는 영상으로부터 렌즈까지의 거리이고, d는 광점으로부터 렌즈까지의 거리이다.

물의 깊이가 왜 실제보다 낮게 보이는가?

물에서 헤엄치는 것에 익숙하지 못한 사람들은 빛의 굴절현상을 한 가지 결과를 잊어버리고 있기 때문에 깊은 물에 빠지는 위험을 당하게 된다.

우리들의 눈에는 빛의 굴절에 의하여 물의 밑바닥에 깔린 모든 대상들이 실제의 위치보다 떠 올라와 보인다. 즉 강이나 연못의 밑바닥이 실제보다 낮게 보인다는 것을 알지 못하고 있는 것이다. 연못이나, 저수지, 강의 바닥은 대체로 실제 깊이의 $\frac{1}{3}$이나 낮은 것처럼 보이는 것이다.

겉보기에 속아서 낮은 줄만 알고 물 속에 뛰어들어 갔다가 위험한 사태에 빠지게 되는 일이 종종 있다. 일반적으로 아이들이나 경험이 적은 사람들이 이러한 실패를 하는데, 특별히 이 사실을 알아둘 필요가 있다. 그들에게 있어서 이러한 물의 깊이에 대한 오산이 치명적인 것이 될 수 있기 때문이다.

이러한 원인은 광선의 굴절에 있다. 그림3-6과 같이 물 속에 잠긴 숟가락이 구부러지게 보이는 것도 바로 그 광학법칙에 의하여 물의 밑바닥을 얕게 보여주는 까닭이다.

여러분들은 이러한 현상을 책상 위에서도 검토할 수 있다.

책상 위에 그릇을 놓고 그릇의 밑바닥이 보이지 않게 되는 자리에 친구를 앉게 해보자. 그릇 바닥에는 단추나 또는 그와 같은 다른 것을 놓아보자. 그런데 이것은 그릇의 테두리에 가려서 친구에게는 보이지 않을 것이다.

이제는 그 친구에게 머리를 돌리지 말라고 주의를 주고 그릇에 물을 부어라. 그러면 이상한 일이 일어난다. 단추가 보이지 않던 친구에게도 그 단추가 보이게 된다. 이때 그릇의 물을 치워 보아라. 그러면 바닥은 단추와 함께 또다시 내려가며 단추가 보이지 않게 된다(그림3-7).

왜 이렇게 되는가 하는 것은 그림3-8이 설명하여 준다.

바닥 중에서 m이라는 부분은 관측자(그의 눈은 물 위의 점 A에 있다.)에게는 실제의 위치보다 떠 올라와 보인다. 즉 굴절되기 때문에 빛은 물 속에서 공기 중으로 나오면서 그림3-8에서 보는 바와 같이 눈으로 들어가며, 눈은 이 직선의 연장선 위에 m위의 대상을 보게 된다.

광선이 수면에 대하여 몹시 기울어질수록 m은 더 낮은 곳에 있는 것처럼 보인다.

바로 이렇기 때문에 평탄한 연못바닥을 볼 때 항상 눈 아래의 바닥이 제일 깊고 주위로 나아가면서 점점 낮아지는 것처럼 보인다. 그리하여 연못의 바닥은 오목한 것처럼 보인다.

만약에 여러분들이 연못 위에 걸쳐놓은 다리를 연못의 밑바닥에서 볼 수 있다고 가정한다면 그 다리는 볼록해진 것처럼 보일 것이다(그림3-9가 이러한 모양을 보여준다. 이러한 사진을 찍는 방법에 관해서는 곧 아래에서 이야기 하겠다.).

이 경우에 광선은 굴절률이 작은 매질(공기)로부터 굴절률이 큰 매질(물) 속으로 진행한다. 따라서 광선이 물에서 공기로 나올 때 얻어지는 효과도 정반대가 된다.

그림 3-7 양재기 안에 단추를 넣고 하는 실험

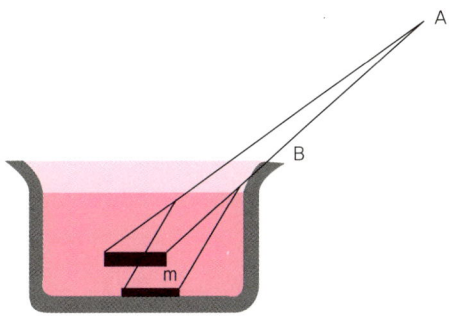

그림 3-8 그림 3-7의 실험에서 단추가 떠올라 보이는 원인

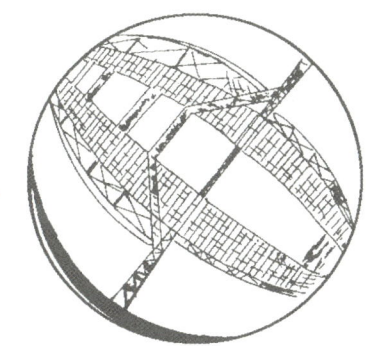

그림 3-9 물 밑에 있는 관측자들에게는 철교가 이러한 모양으로 보인다.

같은 원인에 의하여 어항 앞에 서 있는 사람들의 대열을 어항 속에 있는 물고기가 볼 때는 그것이 그대로 대열로 보이지 않고 원호 모양으로 서 있는 것처럼 보이며, 원호의 볼록한 쪽이 물고기 쪽으로 배치되어 있는 것처럼 보여야 할 것이다.

물고기가 어떤 모양으로 보는지, 정확히 말한다면 만일 물고기가 사람의 눈을 가졌다면 물고기에게는 온갖 대상이 어떤 모양으로 보여야 하는지는 앞으로 상세하게 이야기 하겠다.

물 속에 잠긴 바늘이 왜 보이지 않는가?

납작한 코르크 병마개에 바늘을 꽂고 바늘이 꽂힌 쪽을 아래로 하여 그릇에 담긴 물 표면에 띄워 보자.

만일 코르크 마개가 너무 넓지 않다면 바늘이 길기 때문에 마개가 그 바늘을 가릴 수 없음에도 불구하고, 여러분들이 아무리 머리를 기울여서 코르크 마개 아래에 꽂힌 바늘을 들여다보려고 해도 그것을 볼 수는 없을 것이다(그림3-10).

도대체 왜 바늘로부터의 광선이 여러분들의 눈에는 도달하지 못하는가? 그것은 광선이 물리학에서 말하는 '전반사'를 당하는 까닭이다. 왜 이 현상이 일어나는가를 생각하여 보자.

그림3-11에 의하여 물에서 공기로 지나가는(일반적으로 굴절률이 큰 매질에서 굴절률이 작은 매질로 지나가는) 혹은 반대로 진행

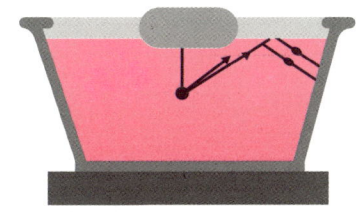

그림 3-10 물 속에서 바늘이 보이지 않는 실험

하는 광선의 경로를 따져보기로 하자.

광선이 공기에서 물로 들어갈 때는 그 광선이 입사법선 쪽으로 접근한다. 예를 들어 입사면에 세운 법선에 대하여 β보다 작은 각 α를 가지고 물 속으로 들어간다(그림3-11, Ⅰ. 이때 화살촉 끝은 그림과는 반대쪽으로 향한다.).

그런데 입사선이 물 표면을 스치고 지나가서 법선에 대하여 거의 직각으로 물 표면에 떨어질 때는 어떻게 되겠는가? 이때는 직각보다도 작은 $48\frac{1}{2}$℃도의 각을 가지고 물 속으로 들어가게 된다. 법선에 대하여 $48\frac{1}{2}$℃보다 더 큰 각을 가지고 물 속으로 광선이 들어갈 수는 없다. 이 각이 물에 대한 '임계각'이다.

다음에 나오는 아주 예상하기 어려우면서도 신기한 굴절의 현상으로부터 나오는 한 가지의 결론을 이해하기 위해서 우선 그리 복잡하지 않은 제반 관계들을 밝혀놓는 것이 필요하다.

위에서 우리들은 가능한 모든 각도를 가지고 물에 입사하는 광선들이 물 속에서는 정각이 $48\frac{1}{2} + 48\frac{1}{2} = 97$℃로 되는 상당히 좁은

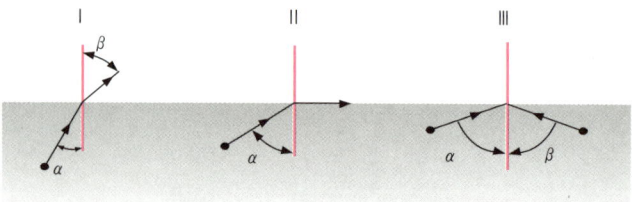

그림 3-11 광선이 물에서 공기로 지나갈 때의 굴절의 여러가지 경우. 광선이 입사 법선에 대해서 임계각을 이루는 그림 II의 경우에는 물에서 나아가는 광선은 물 표면을 스치면서 지나간다. 그림 III은 전반사의 경우다.

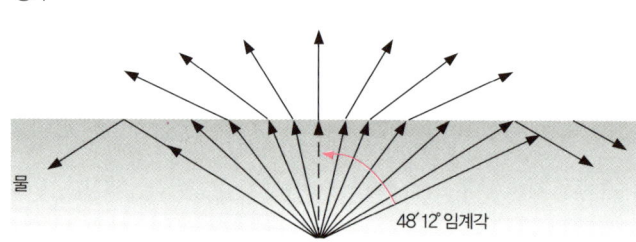

그림 3-12 입사 법선에 대해서 임계각보다 큰 각을 이루면서 점P로부터 출발하는 광선은 공기 속으로 나아가지 못하고 완전히 물 속으로 반사된다.

원추형으로 압축된다는 것을 알게 되었다.

이번에는 반대로 그림3-12와 같이 물 속에서 공기로 지나가는 광선의 길을 따라가 보자. 광학의 법칙에 의하여 이 경우에 빛의 경로도 그 이전과 똑같으며, 따라서 위에서 말한 97℃의 원추에 포괄되는 모든 광선들은 물 위에서 180℃ 공간의 전체에 서로 다른 각으로 퍼져나간다.

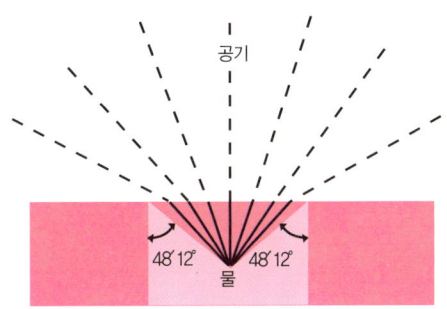

그림 3-13 물 속의 관측자에 대해서는 바깥 세계는 정각 90°C의 원추 내에 압축된다.

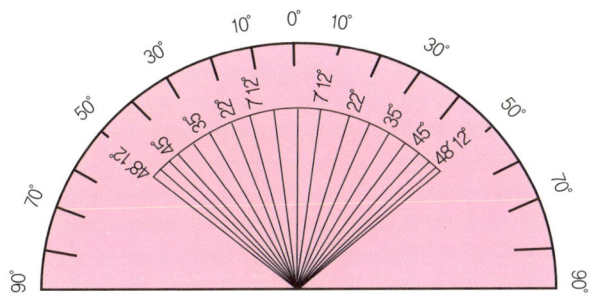

그림 3-14 그림3-13의 좀더 명백한 해명. 바깥 세계의 180°C의 호가 물 속의 관측자에 대해서는 97°C로 단축된다. 정점(0°C)으로부터 호의 부분이 멀어질수록 단축은 더 심해진다.

그러면 위에서 지적한 원추 밖에 있는 광선은 물 속에서 어디로 지나가는가? 그것은 물에서 밖으로는 전혀 나아가지 못하고 마치 거울에서와 같이 물 표면에서 전부 반사하게 된다. 일반적으로 임계각($48\frac{1}{2}$°C)보다 큰 각으로 물 속에서 물 표면에 부딪히는 모든 광선은 굴절되는 것이 아니라 반사된다. 즉 물리학에서 말하는 바와 같이 전반사를 당한다.[3]

만일 물고기들이 물리학을 공부한다면 광학에서 그들에게 가장 중요한 부분은 '전반사'에 관한 학설일 것이다. 왜냐하면, 물 속에서의 물고기들의 시각을 고려할 때 전반사가 일차적인 역할을 하는 까닭이기 때문이다.

수많은 물고기들이 은빛 빛깔을 하고 있다는 사정도 확실히 물 속에서의 시각의 특수성과 관련되어 있다.

동물학자들의 견해에 의하면, 물고기의 이러한 빛깔은 물고기 위에 펼쳐져 있는 물 표면의 빛깔에 대한 적응의 결과라고 한다. 즉 물 표면을 아래로부터 쳐다볼 때는 전반사의 결과로 이 표면이 거울처럼 보인다.

따라서 이러한 배경 위에서 은빛 빛깔의 물고기들은 그들을 잡아먹는 물 속의 적들에게는 눈에 띄지 않는다.

물 속에서는 지상세계가 어떻게 보이는가?

대다수의 사람들은 만일 우리가 지상세계를 물 속으로부터 내다볼 때 그것이 어떻게 괴상하게 보이는가 하는 것을 짐작도 하지 못할 것이다. 그런데 수중의 관측자에게는 지상세계가 거의 알아볼 수 없을 만큼 변화하고 찌그러져서 보이게 된다.

여러분들이 물 속에 들어가서 물 위의 세상을 내다본다고 가정하여 보자. 여러분들의 머리 위에 떠 있는 하늘의 구름은 형태가 전혀 변하지 않고 그대로 보인다. 이것은 수직으로 들어오는 광선은 굴절되지 않기 때문이다.

그러나 다른 나머지 모든 대상들에서 나오는 광선은 물 표면과 예각을 이루면서 들어오게 되므로 모든 대상들은 찌그러져 보이게 된다. 광선이 수면과 만나는 각이 작을수록 대상들의 높이가 더 크게 단축된다.

물 위에 보이는 모든 세상이 물 속의 좁다란 원추 내에 자리잡게 된다는 것도 이해할 수 있다. 즉 180℃의 공간이 거의 절반인 97℃의 원추 내에 압축되어야만 한다. 그러므로 영상은 불가피하게도 찌그러지게 되는 것이다.

물 위의 대상에서 나오는 광선이 수면과 10℃의 각을 이룰 때 그 대상들을 물 속에서 바라본다면 그것은 거의 구별할 수 없을 정도로 압축되어 보일 것이다.

더욱이 물 표면의 모양까지도 여러분들을 몹시 놀라게 할 것이다. 즉 물 표면을 물 속에서 바라볼 때는 물 표면이 평탄하게 보이지 않고 원추형으로 보이게 된다. 그리하여 여러분들에게는 측벽이 서로 직각보다는 좀 큰 각(97℃)으로 경사진 커다란 깔때기 아래의 바닥에 여러분들이 앉아 있는 것처럼 보이게 될 것이다.

이 원추의 꼭대기 기슭은 붉은 선, 노란 선, 초록 선, 푸른 선, 자색 선들로 된 무지개의 가락지로 둘러싸여 있을 것이다.

왜 그런가? 흰 태양의 빛은 여러 가지의 빛깔로 구성되어 있고, 개개의 빛깔은 제각기 자기의 굴절률과 자기의 임계각을 가지고 있다. 이 결과로 물 속에서 바라볼 때 대상들이 휘황한 무지개 색이 갓

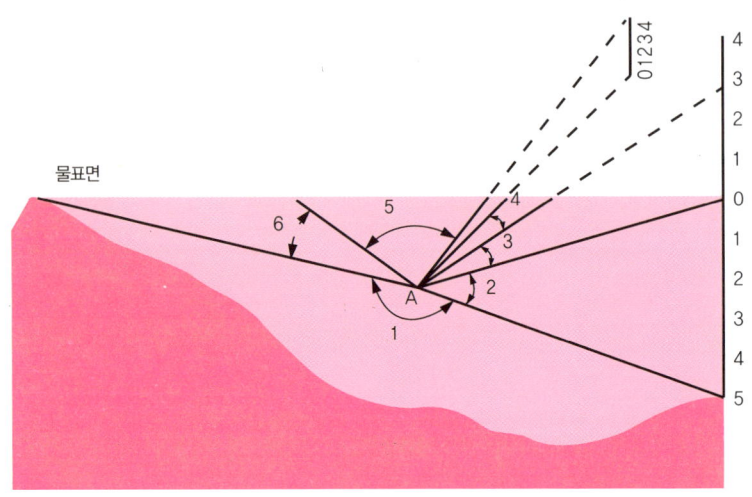

그림 3-15 수심척을 물 밑의 관측자가 볼 때의 모양. 관측자의 눈의 위치는 A에 있다. 각1에서는 바닥의 똑똑하지 못한 영상을 본다. 각2에서 관측자는 자의 물에 잠긴 부분을 희미하게 본다. 각3에서는 그것의 물 내부 표면에서의 반사를 본다. 각4에서는 강바닥이 반사 된다. 각5에서 물 위의 전체 세계가 관 속으로 들여다 보는 것처럼 보인다. 각6에서는 물의 아랫면에서 반사된 강바닥이 보인다.

을 쓴 것처럼 보이게 된다.

물 위의 모든 세상을 포괄하는 이 원추 외에 우리는 무엇을 보게 되는가? 번쩍거리는 물 표면이 펼쳐져 있고, 거기에서는 거울과 같이 물 아래의 대상들이 반사된다. 그리하여 일부분이 물 아래에 잠겨 있고, 다른 일부분이 물 밖에 나가 있는 그러한 대상은 물 아래의 관측자에 대해서는 매우 이상한 모양을 띠게 된다.

강에 물의 깊이를 재는 자가 잠겨 있다고 하자(그림3-15). 물 아래의 점 A에 있는 관측자가 무엇을 보겠는가? 그가 볼 수 있는 공간의 360℃를 나누어서 개개의 부분에 따로따로 이름을 붙이자.

그림 3-16 절반쯤 물에 잠긴 나무는 물 속에서 이렇게 보인다.

각1의 한도 내에서는 강의 밑바닥을 볼 것이다. 각2에서는 물 아래에 잠긴 자의 부분을 찌그러짐 없이 본다. 각3에서는 우선 물에 잠긴 부분의 반사를 볼 것이다. 즉 자의 물에 잠긴 부분이 거꾸로 서 있는 것을 보게 된다('전반사'에 관한 이야기를 상기하자.). 그 다음에 물 속의 관측자는 계속되어 연속해서 보이는 것이 아니라 아랫부분과는 훨씬 떨어진 높은 곳에 있게 된다.

관측자에게는 이처럼 높이 떠 있는 자 막대기의 한 토막이 처음에 물 속에서 본 부분의 연장이라는 것은 좀처럼 머리에 떠 오를리가 없다. 또한 자는 몹시 압축되어 보이고(이것은 아랫부분이 특히 더하다.), 거기에서는 자의 눈금이 아주 가깝게 보인다.

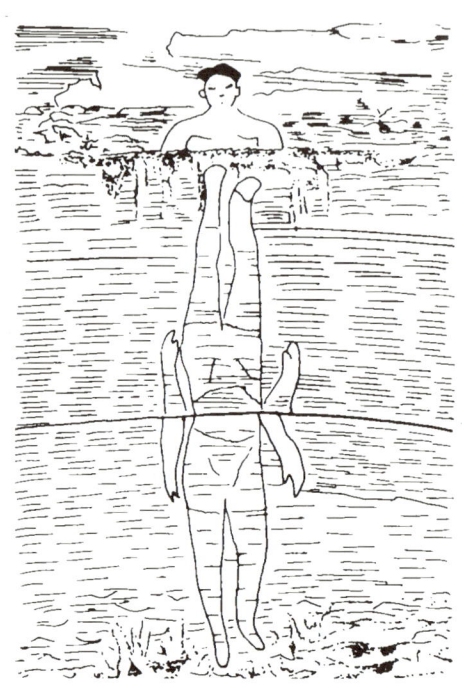

그림 3-17 가슴까지 물에 들어간 사람을 물 속의 관측자는 이렇게 본다.

    이리하여 강물이 불어서 물에 잠긴 강가의 나무는 물 속에서 바라볼 때 그림3-16처럼 보일 것이다. 그리고 물의 깊이를 재는 자가 있던 자리에 사람이 있다면 물 아래에서는 그림3-17의 형태로 보일 것이다.
    물고기들은 목욕하는 사람을 이런 모습으로 본다. 물고기들이 바라볼 때는 평탄한 강바닥을 걸어가는 우리들이 두 개로 갈라져서 두 개의 괴물(윗부분은 팔다리가 없고, 아래부분은 머리는 없는데 손발이 4개씩 달린 모습)로 보일 것이다.

우리가 물 속의 관측자로부터 점점 멀어질 때는 우리 몸의 상반신은 아래쪽으로 점점 압축되어서 어떤 거리까지 멀어지면 물 위의 몸뚱이는 다 없어지고 혼자서 떠다니는 머리만이 남는다.

이러한 괴상한 결론을 실험으로써 직접 알아볼 수 있을까?

첫째, 만일 우리가 물 속에서 눈을 뜬 채로 견딜 수 있는 기술을 배웠다고 할지라도 물 속에서 우리가 이러한 현상을 바라볼 수 있도록 단 몇 초 동안만이라도 잠잠하게 머물러 있을 수 없기 때문에 그 출렁거리는 물 표면을 통해서는 그 무엇이라도 분간하기가 매우 곤란하다.

둘째, 이미 앞에서 설명한 바와 같이 물의 굴절률은 우리의 눈을 구성하는 투명매질의 굴절률과 큰 차이가 없다. 따라서 망막에는 아주 똑똑하지 못한 영상을 얻게 될 뿐이기 때문에 주위는 안개처럼 희미하게 보인다.

잠수모를 쓰고 보든지, 잠수함의 유리창으로 내다보아도 우리가 기대하는 결과를 얻을 수는 없다. 이 경우에는 관측자가 물 속에 있기는 하지만 완전히 수중 시각의 조건에 처하고 있지 않기 때문이다.

우선 광선이 관측자의 눈으로 들어갈 때는 일단 유리를 지난 다음에 다시 공기 속으로 들어간다. 따라서 반대의 굴절을 당하게 된다. 이때는 광선이 자기의 방향을 바꾸지 않을 수도 있고 바꿀 수도 있다.

그러나 어떤 경우이든지 간에 물 속에서의 모양을 가지지는 않는다. 바로 이렇게 됨으로써 물 속에 있는 유리창으로부터 관측하는 사람은 수중 시각의 조건에서의 표상을 정당하게 얻을 수가 없다.

물 속에서 바라보는 세상이 어떤 것인가를 알기 위하여 자신이 물 속으로 뛰어 들어갈 필요는 없다.

수중 시각의 조건은 속에다 물을 채운 특별한 사진기에 의해 연구할 수도 있다. 사진렌즈 대신에 이 경우에는 작은 구멍을 뚫은 금속판을 사용한다. 만일 구멍과 사진 원판 사이의 모든 공간이 물로 채워져 있다면, 외부세계는 물 밑의 관측자가 보는 것과 똑같은 형태로서 간판 위에 영상을 맺으리라는 것을 쉽게 이해할 수 있다.

이러한 방법으로써 아주 이상한 사진을 찍을 수가 있는데, 그 중의 하나가 그림3-9이다. 물 속의 관측자에 대해서 물 위의 대상들이 찌그러져 보이는(철교의 직선 부분이 사진에는 호의 모양으로 찍혀졌다.) 원인에 관해서는 왜 물의 표면과 바닥이 오목하게 보이는가를 설명할 때 지적하였다.

물 속의 관측자에게 세상이 어떻게 보이는지를 직접 알아볼 수 있는 다른 방법이 있다. 즉 잔잔한 물에 담근 거울을 적당히 경사지게 해서 거울에 반사되는 물 위의 대상들의 영상을 관찰하는 것이다.

이러한 관측들의 결과는 위에서 진행한 이론적인 토론의 모든 부분들이 옳았다는 것을 확인시켜 줄 것이다.

이리하여 물 밖에 있는 대상들과 눈 사이에 있는 투명한 물의 층은 물 위의 모든 형상을 찌그러뜨리고 관측자에게 환상적인 인상을 준다.

육지에서 살다가 물 속으로 들어가서 살게 된 동물이 있다면 이 동물은 세상을 알아보지 못할 것이다. 투명한 물 속에서 바라볼 때

세상이 그처럼 달라져 보일 것이기 때문이다.

물 속에서는 빛깔이 어떻게 변하는가?

어떤 생물학자는 물 속에서 일어나는 빛깔의 변화에 대해 그림을 그리듯이 잘 서술하고 있다. 그의 한 구절을 인용하여 보자.

"우리는 잠수구를 타고 물 속으로 내려갔다. 누런 황금빛의 세계가 돌연히 초록색으로 변해버리는 것은 참으로 예상하지 못했던 일이었다. 잠수구의 창문으로부터 물거품이 사라져버린 뒤에 우리는 초록빛에 잠기고 말았다. 우리들의 얼굴도, 산소통들도, 검은 벽까지도 초록색으로 물들어져 가고 있었다. 그런데 배의 갑판 위에 서 있는 사람들은 우리들이 짙은 청색 속으로 내려가고 있는 것처럼 생각하고 있다.

물 속에 들어간 후 처음에는 스펙트럼 중에서 더운 광선(즉 붉은 색과 등색)[4]이 없어지고 만다. 붉은색이나 등색은 정말로 아무 곳에도 없었고, 곧 누런 음영도 초록색으로 녹아 들어가고 말았다. 즐겁고 온화한 더운 광선은 가시 스펙트럼의 적은 일부분에 불과하지만, 30m 이하에서 그 빛이 사라진 다음에는 쓸쓸한 암흑과 죽음의 빛만이 남는다.

점점 더 깊이 내려감에 따라 점차로 초록색 음영도 사라져 버렸다. 60m의 깊이에서는 벌써 물빛이 녹색을 띤 청색이라든가 혹은 청색을 띤 녹색이라든가 하는 말을 할 수 없을 지경이었다. 180m의 깊이에서는 모든 것이 진하고 맑은 청색으로 물들어진 것처럼 보였다. 거기에서는 글을 쓴다든가 읽는 것이 불가능할 정도로 어두웠다. 300m의 깊이에서 나는 물빛이 흑청색이라고 말하고 싶었다. 청색이 없어진 다음에 그것이 남색으로 바뀌지 않는다는 것은 이상한 일이었다. 짐작하건대 남색도 이미 흡수되고 만 것 같다. 청색은 회색빛으로, 다음에는 그것이 검은색으로 넘어간다. 이러한 깊이에서는 태양이 굴복당하고 도처에서 빛깔은 추방당하였다. 이곳으로 사람이 침입하고 전깃불이 내려오기까지 즉 20억 년이라는 세월을 통하여 이 곳은 절대 암흑이었다."

깊은 해저에서의 암흑에 관하여 이 생물학자는 다른 곳에서 다음과 같이 쓰고 있다.

"750m의 깊이에 있는 암흑세계는 상상할 수 없을 만큼 어두워 보였다. 더구나 이제는(약 1,000m의 깊이에서는) 먹물보다도 검다. 지상세계에서 밤은 이에 비하면 황혼 정도라고 말할 수도 있다. 그리고 이제는 지상에서의 밤에 검다라는 말을 나는 결코 적용할 수 없게 되었다."

푸른 소나무잎이 해질 무렵에는 왜 검게 보이는가?

소나무 끝에 새로 돋아나온 잎사귀들은 보는 사람의 기분이 상쾌

해질 만큼 밝고 깨끗한 녹색이다. 그런데 그것도 저녁의 해질 무렵에 붉은 노을이 비끼면 검고 흉하게 보인다.

이것은 왜 그런가? 주위 세계가 어두워지기 때문에 그렇겠지. 이렇게 간단하게 대답할 성질의 문제는 아닐 것이다. 노을이 비낄 때는 하늘이 훤하게 보이며 벽돌집의 벽은 오히려 더 밝기까지 하지 않은가?

이 문제를 풀기 위해서는 물체가 가지는 색깔이라는 것이 무엇인가 하는 것부터 밝혀 놓아야 할 것이다.

우리가 흰 종이에다가 붉은색 광선을 비춰주면 그 종이는 붉게 보이며 푸른색 또는 노란색 광선을 비춰 주면 그 종이가 푸르게 또는 노랗게 보인다. 이것은 그 흰 종이가 붉은색, 푸른색, 노란색 등의 광선을 각각 모두 그대로 반사하기 때문일 것이다.

그렇기 때문에 무용가가 흰 옷을 입고 무대에서 춤을 추어도 옆에서 또는 위에서 갖가지 색깔의 광선을 교대로 비춰 주면서 옷의 빛깔을 이러저러하게 안무가의 마음대로 바꿀 수 있는 것이다.

결국 흰 종이나 흰 옷은 모든 색깔을 반사한다. 그러므로 붉은색, 푸른색, 노란색 등 여러 가지의 광선들을 한꺼번에 겹겹으로 비추어준다면 흰 종이는 그 모든 색광선들을 모두 잘 반사하면서 또다시 희게 보인다.

여러분들은 이때 흰 종이가 일단 색깔을 띠었다가 다시 아무런 색깔도 띠지 않고 희게 되는 이유를 새삼스럽게 물어보지는 않을 것이라고 믿는다.

여러분들은 이미 흰 광선(태양광선)을 프리즘으로 분해하면 여러

가지 색깔의 광선들로 갈라진다는 사실도 알고 있으며, 그 색광선들을 한 곳에 모이게 하면 다시 흰 광선(태양광선)으로 된다는 것도 이미 알고 있다.

또 비가 온 후의 맑은 하늘에 무지개가 생기는 현상에 대해서도 여러분들은 이미 그것은 태양광선이 공기 중의 물방울에서 반사되면서 여러 가지의 색깔로 분해되기 때문이라는 것까지도 모두 알고 있을 것이다.

왜 무지개 무늬로 되는 것일까? 그것은 색광선들이 물방울에서 굴절되고 반사되는 정도가 각각 다르기 때문이다.

이번에는 색광선 대신에 색연필이나 색잉크를 가지고 같은 실험을 하게 된다면 사정은 전혀 달라지게 된다. 우선 색판 그림을 보아라. 여러 가지 색이 겹쳐졌을 때 그 결과는 희게 되는 것이 아니라 점점 더 검게 된다.

다시 말해서 흰 종이에다 처음에는 붉은색 연필로 색을 칠하고, 다음에는 푸른색, 그 다음에는 노란색 등을 겹치도록 칠하면 종이가 점점 더 검게 된다. 여기에는 물체의 색깔과 광선의 색깔에 차이가 있고 비밀이 있는 것이다.

흰 종이에 푸른색을 칠한 다음에 붉은색을 칠하는 대신에 푸른색 종이에 붉은색 광선을 비추어주는 경우를 생각해 보자.

이때는 푸른색 종이가 붉은색 광선을 전혀 반사하지 못한다. 푸른색 종이는 푸른색 광선만을 반사하고 다른 색광선은 흡수해버리기 때문이다. 물체의 푸른색은 곧 그 물체가 푸른색만을 반사하기 때문이다.

그러므로 여러 가지 색깔의 연필들을 가지고 겹겹이 종이에 칠하게 되면 그 모든 색들이 각각 다 흡수되기만 하고 특별히 반사하는 색깔이 없게 되어 결국 그 종이는 검게 보일 수밖에 없다.

푸른 종이에 붉은 광선을 비췄을 때라는 것은 곧 푸른 소나무잎에 붉은 노을의 색광선이 비췄을 때를 말하는 것이며, 그렇기 때문에 소나무잎이 검게 보이는 것이다.

우리의 눈 속에 대상을 보지 못하는 부분이 있는가?

바로 눈앞에 있음에도 불구하고 우리들이 보고 있는 시야 내에서 우리들이 전혀 보지 못하고 있는 부분이 있다. 물론 여러분은 쉽게 믿지 못할 것이다.

그러나 이러한 부분이 확실히 존재하고 있다. 우리의 시각에 이러한 결함이 있다는 것을 전혀 모르고 살아가고 있는 것이다. 우선 이러한 결함을 확인시켜 주는 실험을 알아보기로 하자.

그림3-18을 여러분들의 오른쪽 눈에서부터 20cm 앞에 들고(왼쪽 눈은 감고) 왼쪽에 있는 'X' 표를 보아라. 이 그림을 천천히 눈 가까이로 가져가 보아라. 그러면 오른쪽에 있는 두 개의 원들이 겹치는 곳에 있는 검은 큰 반점이 흔적도 없이 사라질 때가 반드시 있다. 그런데 오른쪽과 왼쪽의 두 개의 원만은 똑똑하게 보인다.

1688년에 마리오트에 의하여 진행된 이 실험은 루이 14세와 신하

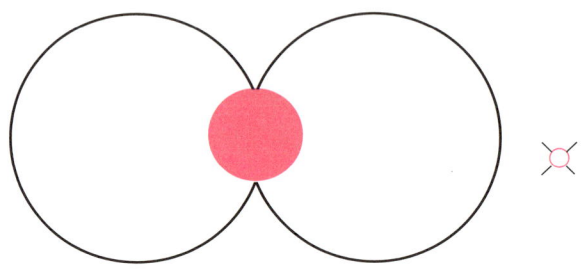

그림 3-18 맹점의 존재를 보이는 그림

들을 매우 즐겁게 하였다. 마리오트는 이 실험을 다음과 같이 실행하였다.

즉 두 사람을 서로 2m 정도 떨어진 곳에 서로 마주 보도록 세우고 그들에게 서로 상대방 옆구리의 어떤 점을 한 눈으로만 보도록 하였다. 그랬더니 두 사람에게는 각기 그 앞의 사람이 머리가 없는 것처럼 보였다.

아무리 사람들이 그 전에는 생각하지도 못했던 것이라고 할지라도 '맹점'이 사람 눈의 망막에 존재한다는 것을 겨우 17세기에 와서야 알았다. 맹점은 망막에서 시신경이 안구로 들어올 때 그것이 빛을 감수하는 망막 요소에 연결되는 신경소근으로 갈라지기 전의 자리이다.

우리는 장구한 관습의 결과로 우리들의 시야 안에 있는 이러한 검은 점을 보지 못한다. 그 주위의 배경이 상세하기 때문에 우리들의 상상으로 말미암아 이 결함이 보충된다. 예를 들면, 그림3-18에서 보는 바와 같이 우리는 흑점은 보지 못하면서도 마음 속의 상상으로 두 원주를 연장하여 마치 그들이 겹쳐지는 자리를 똑똑히 보는 것처럼 느낀다.

만일 여러분이 안경을 쓰고 있다면 다음과 같은 실험을 할 수가 있다. 작은 종이조각을 안경유리에 붙여라(유리의 가운데에 붙이지 말고 조금 옆에 붙여라.). 처음에 며칠 동안은 종이조각이 가리워져서 잘 볼 수가 없다. 그러나 한 주일 두 주일이 지나는 동안에 여러분들은 그 종이조각이 있는지 없는지도 모를 정도로 그렇게 습관화되어 갈 것이다.

이것은 렌즈가 깨져서 금이 간 안경을 써본 사람이라면 모두 잘 알고 있다. 깨진 금은 처음 며칠이 지나면 눈에 띄지 않게 된다.

이와 마찬가지로 장구한 관습에 의하여 우리는 우리 눈의 맹점을 알아보지 못한다. 뿐만 아니라 양쪽 눈의 맹점은 시야의 서로 다른 부분에 대응되는 것이므로, 두 눈으로 볼 때는 전반적으로 시야에 결함이 나타나지 않는다.

그러나 우리들의 시야에서 맹점이 작다고 해서 무시해서는 안된다. 여러분들이 건물을 10m쯤 떨어진 곳에서 한 눈으로 볼 때는 맹점 때문에 건물 지면의 직경이 1m 이상인 매우 넓은 부분을 여러분들이 보지 못하게 된다(그림3-18). 보지 못하는 그 부분에는 창문 하나가 완전히 들어갈 것이다.

또한, 우리가 하늘을 쳐다볼 때 면적으로 보아 보름달 크기의 120배나 되는 보이지 않는 공간이 있다.

달은 얼마나 크게 보이는가?

이왕 말이 나온 김에 우리가 보는 달의 크기에 대해서도 한번 이야기해 보자.

만일 여러분들이 다른 사람들에게 달이 얼마나 커 보이느냐고 물어본다면 여러분들은 그야말로 서로 다른 대답을 들을 것이다. 많은 사람들은 달의 크기가 접시만하다고 이야기할 것이다. 그러나 술잔만하다는 사람도 있고, 앵두만하다는 사람도 있고, 또는 계란만하다는 사람도 있다. 어떤 사람은 달이 열두 사람이 둘러앉을 만한 원탁의 크기만큼 커 보인다고 말했다.

도대체 동일한 대상의 크기에 관한 표상에 있어서 이렇게 차이가 나는 것은 어디에서 기인하는가? 이것은 거리에 대한 평가(언제나 무의식적으로 말하는 이 거리에 대한 평가)에 차이가 있다는 점에 기인한다.

달을 계란의 크기로 보는 사람은 그것을 원탁이나 접시의 크기만하다는 사람보다도 훨씬 가까운 곳에 달이 있다고 생각한다.

그러나 대다수의 사람은 달을 큰 접시만큼 크게 보는데 여기에서 우리는 흥미 있는 결론을 내릴 수 있다. 만일 이러한 외관상의 크기를 가지기 위해서는 달이 얼마만한 거리에 떨어져 있어야 하는가를 계산해 보면(계산의 방법은 후에 알게 될 것이다.) 그 거리가 30m를 넘지 않는 것으로 된다.

자! 우리는 무의식적으로 밤하늘의 보름달을 이처럼 가까운 거리에 가져다 놓는다. 이러한 적지 않은 착각은 거리를 그릇되게 평가

하는 데 기인한다.

　일상생활에서 부딪히는 감명들이 모두가 새롭던 어린시절에 경험했던 광학적 착각을 나는 지금도 잘 기억하고 있다. 나는 어느 날 들판으로 소풍을 갔을 때 초원에서 풀을 뜯어먹고 있는 소들을 보았다. 나는 거리를 옳게 판정하지 못했던 까닭에 이 소들을 보잘 것 없이 조그마한 동물로 보았다.

　천문학자들은 천체들의 외관상의 크기를 우리가 그것을 눈으로 바라볼 때의 각도로써 결정한다. 즉 고찰하는 물체의 양쪽 기슭으로부터 우리의 눈까지 그은 두 직선이 이루는 각을 '각의 크기' 또는 '시각'이라고 부르는데 이것을 이용하는 것이다(그림3-19).

　각도는 도, 분, 초로써 측정된다. 천문학자들에게 달의 크기에 대해서 물어보면 달이 계란만하다든가, 접시만하다든가 하는 말을 하지 않고 그것이 $\frac{1}{2}$℃와 같다고 대답한다. 이것은 달의 기슭에서부터 우리 눈으로 그은 두 직선이 $\frac{1}{2}$℃의 각을 형성한다는 것을 의미한다. 외관상의 크기의 이러한 정의는 착오를 일으키지 않는 정당한 정의라고 말한다.

　기하학이 가르치는 바에 의하면, 그의 직경이 57배로 되는 거리에 떨어져 있는 대상은 관측자에 대하여 1℃의 시각을 이루어야 한다.

　예를 들면, 직경 5cm의 계란을 눈으로부터 5×57cm 떨어진 곳에 놓으면 1℃의 각 크기를 가진다. 이보다 두 곱이나 더 먼 거리에서는 시각이 $\frac{1}{2}$℃, 즉 우리가 달을 볼 때의 크기와 같은 그러한 각의 크기로 되는 것이다.

　만일 여러분들이 달이 계란만하게 보인다고 말하고 싶다면, 계란

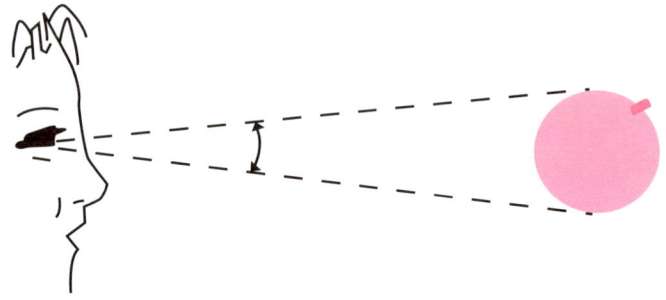

그림 3-19 시각이란 무엇인가?

이 여러분들의 눈에서 570cm(약 6m)의 거리에 떨어져 있을 그러한 조건에서 가능한 것이다. 달의 외관상의 크기를 접시와 비교할 것을 원할 때는 여러분들은 접시를 30cm의 거리에 가져가야 한다. 많은 사람들은 달이 이처럼 작다는 것을 믿으려고 하지 않는다.

그러나 조그마한 단추 한 개를 눈으로부터 그 직경의 114배나 되는 거리에 가져가 보아라. 그 단추는 거의 1m 이상이 떨어져 있음에도 불구하고 그것은 곧 달을 덮고 말 것이다.

만일 여러분들이 눈으로 보는 둥근달을 표시하는 원을 종이에 그리려고 한다면 이 문제 자체가 똑똑하지 못하다는 것을 알게 될 것이다. 즉 눈에서 얼마나 떨어져 있는가에 따라 그 원은 크거나 작게도 될 수 있는 것이다.

그러나 보통은 우리가 책이나 그림을 들고 보는 거리, 즉 명시거리만큼 떨어지게 한다면 조건은 결정된다. 이 거리는 보통의 눈에 대해서는 25cm이다.

이리하여 외관상의 크기가 달과 같아지는 원의 크기가 얼마나 되는가를 여기서 계산해 보기로 하자.

계산은 간단하다. 즉 명시거리 25cm를 114로 나누면 된다. 굉장히 작은 값을 얻게 된다. 2mm보다 약간 크다.

책에서 숫자 0을 찾아보아라. 그러면 0이라는 그 활자의 크기가 달보다는 크다. 달 뿐만 아니라 외관상의 크기가 그와 같은 태양이 우리들에게 이처럼 작은 각의 크기로서 보인다는 것은 얼른 믿어지지가 않을 것이다.

여러분은 아마도 태양을 본 다음에 여러분의 시야에 오랫동안 빛깔 있는 원반이 번쩍거리는 느낌을 경험하여 보았을 것이다. 이른바 '광학적 흔적'은 태양과 같은 시각을 가지고 있다. 그러나 우리들이 느끼는 그의 크기는 변동된다. 여러분이 만일 하늘을 쳐다본다면 그것은 태양의 크기만하다.

그런데 여러분이 시선을 자기 앞에 놓인 책 위에 떨어뜨릴 때는 책장 위의 태양의 '흔적'은 직경이 약 2mm 되는 원으로 된다. 이 사실은 우리들의 계산이 정당하다는 것을 증명하는 것이다.

천체들은 우리 눈에 얼마나 크게 보이는가?

만약에 여러분들이 위에서 말한 척도를 가지고 종이 위에 북두칠성을 그리고자 했다면 그림3-20에 있는 것과 같은 도형을 얻었을 것이다.

이 그림을 명시거리에서 주시하면 우리는 하늘에서 보는 성좌와 똑같은 모양을 보게 된다. 이 그림은 자연적인 각 척도에 의한 북두칠성의 성좌도라고 말할 수 있을 것이다.

만일 여러분이 이 성좌의 시각적인 인상을(그의 모양뿐 아니라 그의 직접적인 시각적인 인상도) 깊이 가지고 있다면 여러분들은 이 그림을 들여다 보면서 그 인상을 그대로 재현할 수 있다.

모든 성좌들의 중요한 별들 사이의 각 거리를 알면 전체의 성좌도를 '자연 척도'로써 그릴 수 있다. 그렇기 위해서는 mm의 눈금으로 된 그래프 용지를 준비하고 그 위에서의 $4\frac{1}{2}$mm를 1℃로 취하면 된다(별들을 표시하는 원들의 면적은 그의 밝기에 비례되도록 그려야 한다.).

행성들의 외관상의 크기도 항성들과 마찬가지로 눈으로는 하나의 점으로밖에는 보이지 않을 정도로 작다.

이것은(가장 밝게 보일 때의 금성을 제외하고서는) 어떠한 행성도 눈에 대해서는 시각이 1분도 못되기 때문에 그렇다는 것을 이해할 수 있다(시각이 이보다 작으면 개별적인 대상은 윤곽이 없는 점으로밖에는 보이지 않는다.).

각의 크기를 초로서 표시한 여러 행성들의 크기를 아래에 기록하였다. 각 행성에 대하여 두 개의 숫자가 표시되어 있는데 첫 번째 것은 지구와 행성의 거리가 가장 가까울 때 대응되는 것이고, 두 번째 것은 가장 먼 경우에 대응된다.

그림 3-20 자연적인 각 척도로 그린 북두칠성. 이 그림을 명시거리 25cm에 유지하고 보아라

(단위는 초)

수성 ………… 13-5

금성 ………… 64-10

화성 ………… 25-3$\frac{1}{2}$

목성 ………… 50-31

토성 ………… 20-15

토성의 띠 …… 48-35

 이러한 크기를 '자연 척도'로써 종이 위에 그린다는 것은 불가능하다. 1분 즉 60초만 해도 명시거리에 대해서는 0.04mm인데 눈으로는 식별할 수가 없는 크기이다. 따라서 행성들을 100배로 확대하는 망원경으로 볼 때와 같은 그림을 그려보자.

 그림3-21에 이러한 배율로 확대한 행성들의 외관상의 크기를 보게 된다. 아래쪽 호는 100배의 배율을 가지는 망원경에 의한 달(또는 태양)의 기슭을 표시한다. 그 위에는 지구와는 거리가 가장 가까

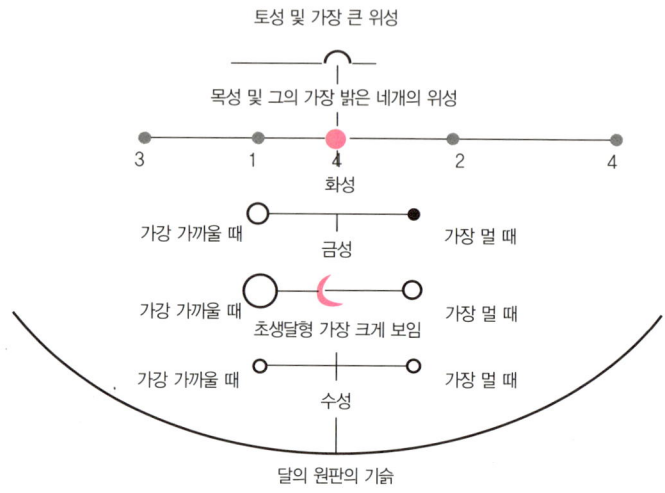

그림 3-21 그림을 눈으로부터 25cm의 거리에서 보면 여기에 그려진 혹성 원판의 크기는 100배의 망원경으로 관찰할 때의 그것과 같다.

울 때의 수성을 그린 것이다.

또 그 위에는 여러 가지 상의 금성이다. 금성은 지구에 가장 가까운 위치에서는 전혀 보이지가 않는다. 왜냐하면 이때에 금성은 태양에 비치지 않는 절반을 지구 쪽으로 향하는 까닭이다. 다음에는 금성의 좁다란 초생달 모양이 보이게 된다. 이 초생달 모양의 직경은 어느 다른 행성의 직경보다도 크다. 그 후에 점차로 작아져서 완전히 둥근 원판 모양이 될 때는 가는 초생달 모양에 비해서 그의 직경이 $\frac{1}{6}$로 작아진다.

금성 위에 그린 것은 화성이다. 왼쪽 것은 지구에 가장 가까울 때이고, 100배의 망원경으로 볼 때 이와 같이 보이는 것이다.

이처럼 작은 원판에서 무엇을 식별할 수 있는가? 이 그림을 10배로 확대한 것을 상상하고 1,000배의 배율을 가지는 강력한 망원경으로 화성을 연구하는 천문학자가 어떻게 보는가 하는 것을 생각해 보아라.

이처럼 작은 공간에서 이를 테면 그 원판에서 높은 '운하'와 같은 미세한 세부를 포착한다든지, 이 화성의 '대양' 바닥에는 식물 등과 관련되어 있다고 말할 만한 사소한 빛깔의 변화를 알아낼 수 있을까?

그렇지 못하기 때문에 관측자들의 증언이나 주장은 관측자들마다 서로 매우 다르다. 어떤 관측자는 광학적인 착각이라고도 하고, 어떤 관측자는 확실하다고 하는 등의 서로 다른 주장들은 결코 이상한 일이 아니다.

자기의 위성들을 동반하는 거물인 목성은 그림에서도 눈에 잘 띈다. 목성의 원판은 다른 행성보다는 매우 크고(금성이 초생달 모양일 때를 제외하면), 목성의 중요한 4개의 위성은 거의 달 직경의 절반에 달한다. 이 그림의 목성은 지구와 가장 가까울 때의 모양이다.

마지막으로 주위에 환을 가지고 있고, 그것의 위성 중에 가장 큰 것을 함께 그린 토성도 그것이 지구에 가장 가까운 순간에 확실한 대상으로 되는 것이다.

이상의 이야기에서 여러분에게는 개개의 대상들이 우리가 가깝다고 느낄수록 작게 보인다는 것이 명백해졌다. 바꿔 말하면 어떠한 이유에서든지 우리가 대상까지의 거리를 멀게 느낀다면 그에 따라 그 대상은 우리에게 크게 느껴진다.

어떤 천문학자는 이렇게 말했다.

"얼른 보아서는 사실 같지는 않으나, 이 이야기는 전혀 환상적인 것이 아니다. 나 자신도 한때 거의 이러한 착각의 희생이 되었던 일이 있었다. 아마도 이 책의 많은 독자들도 자기의 일상생활에서 이와 비슷한 일이 있었다는 것을 기억하고 있을 것이다."

현미경은 왜 대상을 확대하는가?

이 문제에 대한 해답은 흔히 이렇게 듣게 된다.

"그것은 왜냐하면 현미경은 생물 교과서에 씌어 있는 바와 같이 일정한 모양으로 빛의 경로를 바꾸는 까닭이다."

그러나 이 대답에서는 원인이 지적되어 있는 것이지 문제 자체의 본질을 드러내고 있지는 않다. 그렇다면 현미경과 망원경의 확대작용의 기본 원인은 어디에 있는가?

나는 이것을 교과서에서 배운 것이 아니라 내가 중학생이었을 때 몹시 이상하고 나를 혼란에 빠뜨리는 현상을 보게 되었을 때 우연히 알게 되었다.

나는 닫힌 창문 옆에 앉아서 좁은 길 건너편에 있는 집의 벽돌벽을 바라보고 있었다. 갑자기 나는 공포에 사로잡혀 책상에서 벌떡 일어서서 뒷걸음질을 치고 말았다. 벽돌벽으로부터 길이가 수 미터나 되는 굉장히 큰 사람의 눈이 나를 바라보고 있었다. 그 당시 나는

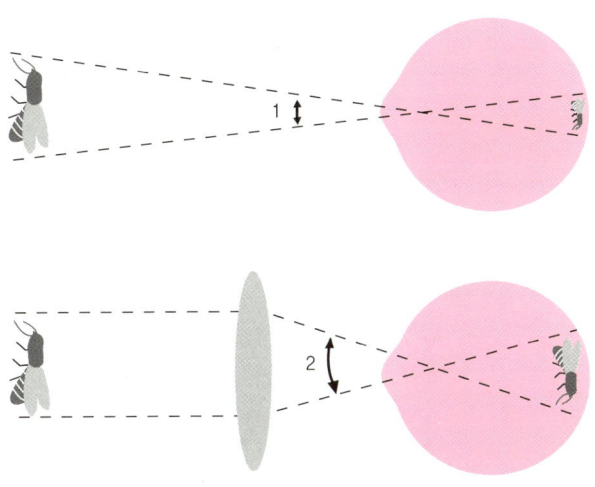

그림 3-22 시각이 중요하다

이 거대한 눈이 나 자신의 반사였으며 그 반사된 영상을 내가 먼 벽에다 투영하였고, 이것이 그처럼 크게 보인다는 것을 미처 생각할 수가 없었던 것이다.

왜 이렇게 되는가 하는 것을 알아보기로 하자.

나에게는 혹시나 이러한 착각에 기초하여 현미경을 만들 수는 없을까 하는 생각이 떠오르게 되었다.

현미경의 확대작용의 본질이 어디에 있는가 하는 것을 똑똑히 알게 된 것은 앞에서 말했던 나의 착상이 실패로 돌아가게 되었을 때였다.

즉 현미경의 확대작용의 본질은 우리가 고찰하는 그 대상이 크게 보인다는 점에 있는 것이 아니라, 그것이 큰 시각으로써 우리들에게 보이는(영상이 우리 눈의 망막의 넓은 자리를 차지한다.) 점에 있는 것이다.

여기에서 시각이 왜 중요한 의의를 가지는가 하는 것을 이해하기 위해서는 우리 눈의 중요한 특성에 주의를 돌려야 한다. 즉 우리의 눈에 대해서 시각이 1분보다 작은 그러한 모든 대상이나 또는 그 대상의 일부분은 하나의 점으로 융합되어 버린다.

여기에서는 대상의 크기나 그 일부분도 식별할 수가 없다. 대상이 멀리 떨어져 있다든지 대상이 작아서 그 대상의 전체나 일부분이 우리의 눈에서 포착되는 시각이 1분 이하라면 우리는 그 대상의 상세한 부분을 구별하지 못한다.

이것이 왜 이렇게 되는가 하면 이 정도의 시각인 경우에는 눈 안에서 대상의 영상(혹은 어떤 대상의 일부분의 영상)이 망막의 말초신경의 여러 개를 단번에 포괄하는 것이 아니라,

영상 전체가 하나의 감각 요소 위에 자리잡게 되기 때문이다. 이 때에는 형태의 세부나 그의 구조는 사라져 버리고 우리는 하나의 점을 보게 된다.

현미경이나 망원경의 역할은 우리가 고찰하는 대상으로부터 나오는 광선의 경로를 바꾸어서 우리에게 큰 시각으로써 보여준다는 점에 있다.

망막 위의 영상은 늘어나서 더 많은 말초신경을 포괄한다. 따라서 우리는 그 전에는 하나의 점으로서 받아들이던 그러한 세부를 대상에서 식별할 수 있게 된다.

"현미경이나 망원경은 100배로 확대한다."

이 말은 우리가 눈으로 볼 때에 비하여 100배나 더 큰 시각으로서 대상을 우리에게 보여준다는 것을 의미한다.

만약에 광학기구가 시각을 크게 하지 않는다면 대상이 확대된 것처럼 느껴질지라도 사실에 있어서는 아무런 확대도 되지 않는다. 벽돌벽 위에 나타난 눈은 나에게는 거대하게 보였다. 그러나 이때에 나는 거울 속을 들여다볼 때 만큼이나 상세한 것은 하나도 보지 못했다.

하늘에 뜬 달이 지평선 위에 있을 때에는 하늘 높이 떠 있을 때보다는 훨씬 더 크게 보인다.

그러나 이 크게 보이는 둥근 달과 중천에 높이 뜬 달을 비교하여 볼 때 크게 보이는 달에서 단 하나의 반점이라도 더 상세하게 알아 볼 수 있을까?

결코 그렇게 되지는 않는다.

지금까지 이야기한 것을 종합하여 본다면, 결국 현미경은 모든 대상을 그저 단순히 확대된 모양으로만 우리에게 보여주는 것이 아니라, 보다 더 큰 시각으로써 대상을 보여주기 때문이라는 점에 있다.

이 결과로 우리들의 눈의 망막에서는 확대된 대상의 영상이 생기는데 이것이 많은 말초신경들에게 작용을 하며 개별적인 인상들을 잡다하게 우리의 의식에 보여주는 것이다.

간단히 말하자면 현미경은 대상을 확대하는 것이 아니라 눈에 생기는 영상을 확대하는 것이다.

시착각이라는 말은 정확한 표현인가?

흔히 우리들은 눈에 의한 착각(시착각)이나, 귀에 의한 착각(청착각) 등에 대해서 말을 한다. 그러나 이러한 표현은 정당하지 못한 것이다.

엄격히 말하여 감각이란 존재하지 않기 때문이다. 즉 철학적인 말을 빌리지 않더라도 감각은 우리를 속이지 않는다. 이것은 감각이 항상 정당한 판단을 하기 때문이 아니라 판단이라는 것을 전혀 하지 않기 때문이다.

그렇다면 이른바 '착각'이라는 것은 무엇이며, 무엇이 우리를 속이고 있는가? 물론 그것은 판단을 하는 물체 자체인 우리들의 뇌수인 것이다.

사실상 눈에 의한 착각의 대부분이 무엇에 관계되는가 하면, 우리가 본다는 것뿐 아니라 무의식적으로 그것을 판단하며 이때에 옳지 않게 착오를 가져오는 데 관계되는 것이다. 이것은 판단의 착오지 감각의 기만은 아닌 것이다.

일찍이 2000년 전에 고대의 시인 루크레치는 다음과 같이 쓰고 있다.

우리의 눈들은
사물의 본성을 인식할 수 없다.
따라서 그에게 판단에서의 잘못을
억지로 다짐하지 말아라.

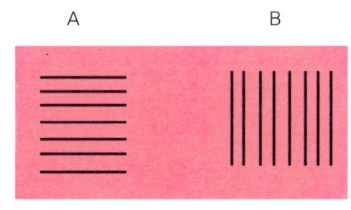

그림 3-23 어느 것이 더 넓은가?   그림 3-24 높이가 큰가, 폭이 큰가?

널리 알려진 착각의 예를 들어보면, 그림3-23에서 보는 바와 같이 도형 A와 B가 완전히 동일한 정방형 안에 들어 있음에도 불구하고 A가 B보다 좁아 보인다.

이렇게 보이는 원인은 우리가 도형 A의 높이를 평가할 때 그 개별적인 높이를 무의식적으로 중첩하는 결과로써 얻어진다는 점에 있다. 즉 동일한 길이를 가지고 있는 도형 A의 너비보다 높이를 길게 느끼는 것이다.

반대로 도형 B에 있어서는 동일한 무의식적인 판단에 의하여 폭이 높이보다 커 보인다.

동일한 원인에 의하여 그림3-24에서는 높이가 폭보다 커 보인다. 그러나 자를 가지고 재보면 높이와 폭은 똑같다.

시착각은 언제나 그렇게 되는가?

위에서 말한 시착각을 눈을 움직이지 않고서도 단번에 알아볼 수 없을 만큼 훨씬 큰 도형에 적용하려고 한다면 여러분의 기대는 곧 무너지고 오히려 반대로 될 것이다.

그러므로 키가 작고 비대한 사람이 가로줄이 있는 양복을 입으면 가늘게 보이는 것은 고사하고 더 넓어 보인다. 그와 반대로 세로줄이 있는 양복이나 세로 주름을 잡은 옷(여자들의 치마 같은 것)을 입으면 비대한 사람도 어느 정도는 가늘게 보인다. 그렇다면 이 모순은 무엇으로써 설명해야 하는가? 그것은 이러한 옷을 볼 때에 우리는 눈을 움직이지 않고서는 단번에 볼 수 없다는 점에 있다. 그리하여 이때 우리가 무의식적으로 줄에 따라 눈을 움직이며 그에 따라 눈의 근육을 긴장시켜 대상의 크기를 그 대상의 방향으로 크게 보게 된다.

우리는 한정된 시야 내에 다 들어오지 않는 그러한 큰 대상들의 이미지를 눈의 근육의 긴장과 결부하게 되었다. 물론 작은 도형을 볼 때에는 우리들은 눈을 움직이지 않아도 볼 수 있어서 눈의 근육을 긴장시키거나 피로하게 만들지도 않는다.

어느 것이 더 클까?

그림3-25에서는 어느 타원이 더 커 보이는가? 아래의 타원이 클

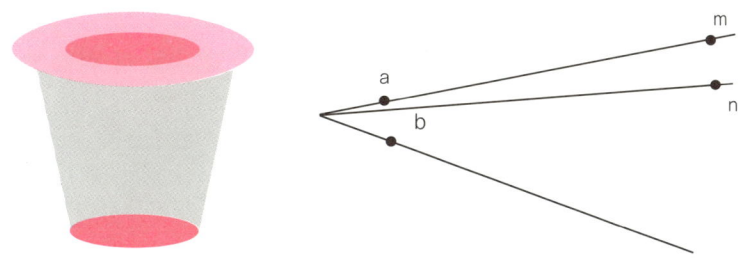

그림 3-25 어느 타원이 더 크겠는가?   그림 3-26 a와 b, m와 n사이의 어느 거리가 더 긴가?

까, 그렇지 않으면 위에 있는 큰 타원 속의 타원이 클까?

  이 질문에 대한 대답은 응당 '아래쪽 타원이 크다'라고 말할 것이다. 그러나 사실은 두 개의 타원은 동일하다. 이것도 자를 가지고 재보기 전에는 그리 쉽게 납득이 가지는 않을 것이다.

  위에서는 다만 바깥 테두리의 큰 타원이 있기 때문에 그 속에 있는 작은 타원이 아래의 타원보다도 더 작은 듯한 착각을 불러일으키는 것이다.

  이러한 착각을 하게 되는 것은 도형 전체가 우리에게는 평면적으로 보이지 않고, 입체적인 물통 모양으로 보인다는 것으로도 더 분명하여 진다. 타원은 우리들에게는 무의식중에 외관상으로 투시할 때에 찌그러진 원으로 보이게 되며 옆에 있는 직선은 물통의 벽처럼 보인다.

그림3-26에 있어서는 점 a와 b 사이의 거리가 점 m과 n 사이의 거리보다 더 큰 것으로 느껴진다. 이것은 동일한 정점으로부터 출발하는 세 번째 직선이 있기 때문에 그러한 착각을 더 심하게 하고 있는 것이다.

상상력은 어떻게 시착각을 일으키는가?

이미 지적한 바와 같이 시착각의 대다수는 우리들이 다만 눈으로 보고 있을 뿐만 아니라, 동시에 우리들은 무의식중에 생각하고 판단하고 있다. 이와 관련해서 생리학자들은 '우리들은 눈으로 보는 것이 아니라 뇌수로 본다' 라고 말하고 있다.

물건을 보는 과정에서 그 사람의 상상이 의식적으로 참여하기 때문에 여러 가지의 착각이 생길 수도 있다는 것을 여러분은 납득할 수 있을 것이다.

우선 그림3-27을 보아라.

만약에 이 그림을 다른 사람들에게 보이면서 그것이 무슨 그림이냐고 물어본다면 대체로 두 가지 종류의 답변을 얻을 것이다. 한 사람은 이 그림을 계단이라고 말할 것이고, 다른 사람은 이 그림을 흰 구형 배경 위에 아코디언과 같이 접어서 늘어놓은 종이띠라고 말할 것이다.

그림 3-27 여기서 여러분들은 무엇을보는가? 구름다리인가 혹은 아코디온처럼 접은 띠인가?

그림 3-28 여기서 입방체는 어떻게 배치되어 있는가? 어디에 두 개의 입방체가 있는가, 윗쪽인가? 아래쪽인가?

이 두 가지의 대답은 모두 옳다고 말할 수 있다. 여러분 자신이 이 그림을 보면서 시선을 여러 가지의 각도로 집중하여 본다면 역시 두 가지의 사물들이 보이게 될 것이다.

즉 그림을 보면서 시선을 그림의 왼쪽 부분으로 돌려보아라. 그러면 여러분은 구름다리를 볼 것이다. 그 다음에는 여러분의 시선을 오른쪽 아래의 끝에서 왼쪽 윗끝으로 경사진 대각선에 따라 옮기면서 그림을 보아라. 그러면 여러분에게는 아코디언처럼 접은 종이 띠가 보일 것이다.

그러나 오랫동안 그림을 보고 있으면 눈과 신경이 피로해지고 결국에는 자기의 의사와는 관계없이 여러분에게는 두 가지의 그림이 전부 보이게 될 것이다.

그림3-28에서도 역시 이와 비슷한 특성을 볼 것이다. 눈을 고정

그림 3-29 AB가 긴가, AC가 긴가?

시키고 그림을 돌려보아라. 두 개의 입방체가 위에 있기도 하고, 밑에 있기도 하고, 옆에 있기도 할 것이다.

또 하나 재미 있는 착각은 그림3-29에서도 느낄 수 있다. 여러분은 무의식적으로 거리 AB가 AC보다 짧다는 인상을 받을 것이다. 그러나 사실은 그들의 길이는 똑같다.

원인을 모를 착각도 있을까?

시착각은 어느 것이나 모두 우리가 설명할 수 있는 것은 아니다. 어떤 종류의 추상적인 판단이 우리의 뇌수 속에서 진행되어 이러 저

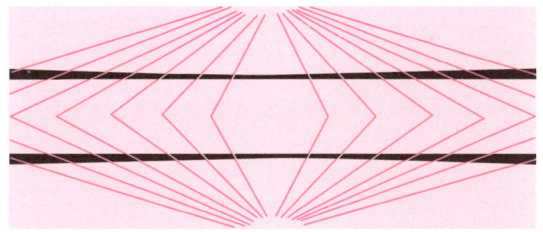

그림 3-30 오른쪽에서 왼쪽으로 가는 두 개의 중앙선은 볼록한 쪽을 대하고 있는 호처럼 보이나 사실은 평행한 직선이다. 착각은 다음과 같이 하면 없어진다. 1)그림을 눈의 높이까지 올리고 시선을 선에 따라서 나가도록 한다. 2)이 그림 위의 어떤 점에 연필 끝을 대고 시선을 이 점에 집중시킨다.

그림 3-31 이 직선이 동일한 여섯 개의 선분으로 잘리었을까?

러한 시착각을 일어나게 하는가를 생각할 수 없는 경우도 있다.

그림3-30에서는 볼록한 부분을 서로 대칭하고 있는 두 개의 호가 분명히 보인다. 이것이 그렇다는 것에 대해서는 아무런 의심도 하지 않을 것이다. 그러나 이 거짓말 호에 자를 겹쳐놓는다든지 또는 그림을 눈의 높이에까지 올려놓고 이 거짓말 호와 시선을 일치시켜 보기만 한다면 그것은 호가 아니라 직선이라는 것을 확인할 수 있을 것이다.

이러한 착각의 원인을 설명하는 것은 그렇게 간단하지가 않다. 우선 이와 비슷한 예들을 좀더 들어보자.

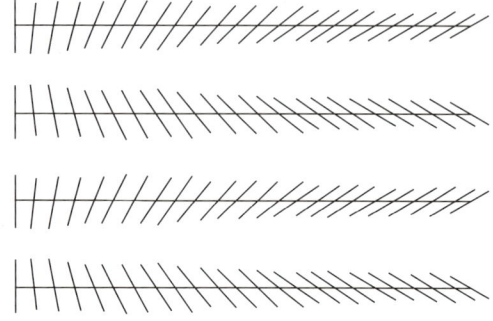

그림 3-32 평행한 직선이 평행이 아닌 것 같이 느껴진다.

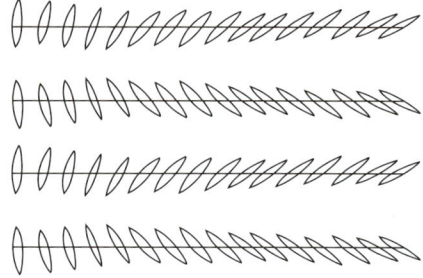

그림 3-33 그림 3-32와 비슷한 착각

    그림3-31를 보면 하나의 직선이 길이가 같지 않은 여러 가지의 선분으로 끊어진 것처럼 느껴질 것이다. 그러나 직접 측정해 보면 그 선분들의 길이는 모두 동일하다는 것을 확인할 수 있을 것이다.
    그림3-32와 3-33에서는 평행한 직선들이 평행이 아닌 것처럼 보인다. 그림3-34에서는 원이 계란 모양의 인상을 준다.
    그런데 그림3-30과 3-32 및 3-33에서 느낀 시착각들이 전기

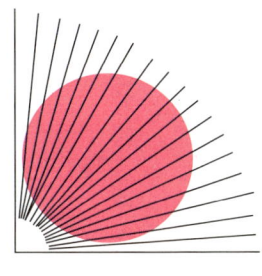
그림 3-34 계란 모양인가, 원형인가?

그림3-35 '담배 파이프'의 착각. 오른쪽 선분들이 왼쪽 선분들보다 짧게 느껴진다.

불꽃의 빛 속에서 관찰할 때에는 일어나지 않으며 우리들의 눈을 속이지 못한다는 것은 대단히 흥미있는 일이다.

그리고 보면 이상의 시착각들은 분명히 눈의 운동과 관련되어 있다. 즉 불꽃이 튀는 짧은 시간 사이에는 눈의 운동이 일어날 여유가 없을 것이다.

시착각은 그림3-35에서 보다 더 흥미로울 것이다. 빨리 대답해 보아라. 어느 선분이 더 길어 보이는가. 오른쪽의 선분들인가, 그렇지 않으면 왼쪽 선분들인가? 오른쪽 선분이나 왼쪽 선분이나 똑같은 길이임에도 불구하고 오른쪽 선분이 훨씬 짧아 보인다.[5]

이 재미있는 착각들에 대한 설명이 빈번하게 제기되었다. 그러나 만족할 만한 내용이 아니었으므로, 그 내용을 여기에 인용하지는 않겠다.

얼른 생각해보더라도 한 가지만은 의심할 바가 없다. 이들 시착각의 원인은 실제로 존재하는 그것을 그릇되게 보게 하는 무의식적

그림 3-36 먼곳에서 이 그물을 보면 정면을 향한 사람의 얼굴과 눈과 코의 일부를 쉽게 식별할 수 있다.

인 판단이나 무의식적인 생각의 '장난'에 관계된다는 것이다.

이것은 무엇일까?

그림3-36을 바라볼 때 여러분은 이것이 무엇인지 금방 알아 맞추지 못할 수도 있다. 어떤 사람은 그저 검은 그물망이라고만 생각할지도 모른다.

그러나 이 그림을 책상 위에 세워놓고 서너 발자국 뒤로 물러나서 이 그림을 보게되면 사람의 눈이 보일 것이다. 그러면 이제는 가까이 다가와 그림을 보아라.

여러분 앞에는 또다시 아무 것도 표시되지 않는 그물망이 나타날 것이다.

여러분은 분명히 이것은 어떤 솜씨가 좋은 조각가의 '트릭'이라고 생각할 것이다. 그러나 이것은 '스크린의 사진판'을 바라볼 때에 항상 우리가 일으키는 하나의 거친 착각의 예에 지나지 않는다.

책이나 잡지들에서 그림들의 배경은 항상 연속적인 것으로 보인다. 그러나 그것들을 확대경(돋보기)으로 들여다 보아라. 여러분의 앞에는 그림3-36에 표시한 바와 같은 그러한 그물망이 나타나게 될 것이다.

여러분을 혼란에 빠뜨리는 이 그림은 보통 사진판의 일부를 10배로 확대한 것에 지나지 않는다. 다만 차이는 다음과 같은 점에 있다. 즉 그물망이 가늘면 보통 우리가 책을 읽을 때의 거리 정도의 가까운 거리에서도 그물망은 연속적인 배경으로 융합된다는 점이다. 그물이 크면 먼 거리에서 볼 때에만 연속적인 것으로 융합된다.

바퀴는 어느 쪽으로 돌고 있는가?

여러분들은 영화 스크린 위에서 빨리 달아나는 마차나 자동차 바퀴의 회전을 주의하여 관찰해 본 일이 있는가? 이때 아마도 여러분들은 이상한 현상을 목격하게 될 것이다.

자동차는 눈이 돌 지경으로 빨리 내달린다. 그런데 바퀴는 겨우 돌아가거나 그렇지 않으면 전혀 돌지 않는 것처럼 보인다. 때로는 바퀴가 뒤로 돌아가는 것처럼 보이기도 한다.

이 시착각은 이것을 처음 본 사람을 몹시 당황하게 할 정도로 이상한 것이다. 이것은 다음과 같이 설명된다.

바퀴 테두리를 거쳐서(테두리에 따라 시선을 옮겨가면서) 바퀴의 회전을 주의 깊게 관찰할 때에는 우리는 바퀴 살을 연속적으로 보는 것이 아니라, 테두리의 살들이 우리의 시선을 매 순간마다 가로막기 때문에 동일한 시간적인 간격들이 지난 다음에 순간적으로 바퀴의 살을 보게 되는 것이다.

이와 마찬가지로 영화필름에도 바퀴의 영상은 불연속적으로 개별적인 순간마다($\frac{1}{24}$초씩의 시간의 간격을 두고) 찍혀진다. 여기서는 세 가지의 경우가 가능한데 그것에 관하여 하나하나 고찰하기로 하자.

우선 첫 번째의 경우는 한번 중단되는 동안에 바퀴가 꼭 완전(2번이건 20번이건 관계없이)회전하는 경우가 있을 수 있다.

이때는 바퀴 살은 새로운 사진에서도 그 이전의 사진에서와 똑같은 자리를 차지하게 된다. 그 다음 중단한 시간 사이에도 또다시 완전회전을 한다(중단한 시간과 자동차의 속도가 변하지 않으므로). 그래서 바퀴 살의 위치는 그대로 있다. 항상 동일한 위치에 있는 바퀴 살을 보고 우리는 바퀴가 전혀 돌지 않는다고 결론을 짓는다(그

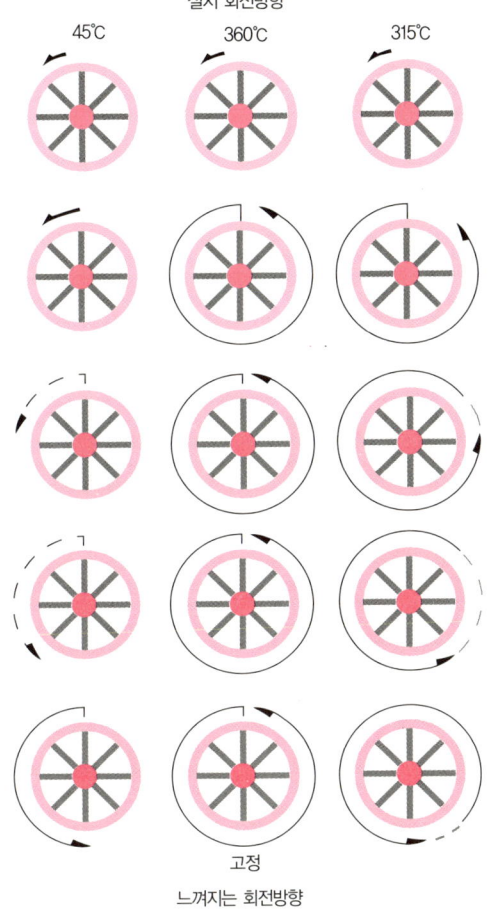

그림 3-37 영화에서 보는 바퀴의 이상한 운동의 원인

림3-37의 가운데 줄을 보아라.).

두 번째의 경우는 바퀴는 매 중단한 시간마다 완전회전을 하고 약간 더 도는 경우다.

이러한 사진을 순번적으로 바꾸어보면 우리는 전체 회전수는 생각하지도 않고 오직 바퀴가 서서히 회전하는 것을 보게 된다. 이 결과로 자동차는 급격히 운동함에도 불구하고 바퀴는 천천히 도는 것처럼 느껴지는 것이다.

세 번째의 경우는 영화의 사진과 사진의 시간 사이에 바퀴가 완전회전보다 약간 부족하게 도는 불완전회전을 하는 경우(예를 들면, 그림3-37의 세 번째 줄의 그림과 같이 315°를 회전하는 경우)다.

이때는 어떤 일정한 바퀴 살은 반대방향으로 도는 것처럼 느껴진다. 이러한 기만적인 인상은 바퀴의 회전속도가 변하지 않는 한 계속하여 지속된다.

이러한 설명에 조금 더 보충해야 할 것이 있다.

우리는 첫 번째의 경우에 있어서 간단히 하기 위하여 바퀴의 완전회전에 관해서 말하였다. 그러나 바퀴 살은 모두 비슷하므로 사실에 있어서는 살과 살 사이의 각의 완전회전수 배만 회전하면 충분하다. 즉 회전수 대신에 각도를 가지고 논할 수도 있다. 물론 이것은 다른 경우들에 있어서도 그렇다.

또한 더 이상한 일도 있을 수 있다.

만약에 바퀴의 테두리에 표적이 있고 살들이 모두 서로 흡사하다면 테두리는 한쪽으로 돌고 다른 쪽도 도는 것처럼 보일 수도 있다. 그리고 또 살에 표식이 있다면 다른 살들은 표식이 있는 살과는 반대로 돌아갈 수도 있다. 표식이 있는 살은 그야말로 한 살에서부터 다른 살로 뛰어 넘어가게 될 것이다.

이러한 시착각은 영화에서 보통 장면을 보여줄 때에는 자연스러운 인상을 그다지 나쁘게 하지는 않는다. 그러나 만일 스크린 위에서 그 어떤 기계들의 작용을 설명하려고 할 때에는 이 시착각은 심각한 오해를 자아낼 수 있으며 기계의 동작에 관한 생각을 전혀 그릇된 것으로 만들어 버릴 수 있다.

주의 깊은 관중은 스크린 위에서 달아나는 자동차에 있어서 그 바퀴가 움직이지 않는 것처럼 보이는 것을 보고 바퀴 살의 수를 헤아린 다음에 그것이 1초 동안에 몇 번씩이나 회전하는가를 어느 정도까지는 쉽게 판단할 수도 있다.

필름의 보통 이동속도는 1초 동안에 24장씩의 사진이 지나간다. 만일에 자동차바퀴 살의 수가 12라면 그의 1초 사이의 회전수는 24:12 즉 2이다. 다시 말하면 1회전에 $\frac{1}{2}$초가 걸린다. 이것은 최소 회전수다. 그것은 완전회전수 배만큼씩 더 클 수도 있다(즉 회전수가 2배, 3배 등으로 될 수 있다.).

그러면 바퀴의 직경을 계산하여 고려하면 자동차의 운동속도를 알 수가 있다. 가령 바퀴의 직경이 80cm일 때에는 시속 18km, 혹은 36km, 그렇지 않으면 54km 등이다.

여기서 고찰한 시착각은 고속으로 회전하는 축의 회전수를 계산할 때의 기술에서 이용한다. 우선 이 방법이 무엇에 기초하고 있는가를 설명하기로 하자.

교류를 켜는 전등불의 세기는 항상 일정한 것이 아니다. 보통의 조건에서는 그것이 깜빡거리는 것을 알 수는 없지만, 120분의 1초가 지날 때마다 빛이 약해진다.

이러한 빛이 그림3-38에 표시된 회전원판을 비춘다고 하자. 만약

그림 3-38 엔진의 회전속도를 결정하는 원판

에 원판이 $\frac{1}{120}$ 초 사이에 $\frac{1}{4}$ 회전을 한다면 예상하지 못했던 일이 일어난다. 즉 균일한 회색빛의 원판 대신에 우리는 원판이 움직이지 않는 것처럼 검고 흰 부채 모양을 보게 된다.

이러한 현상의 원인은 자동차 바퀴에 대한 착각을 분석하고 난 후의 여러분에게는 쉽게 이해되리라고 믿는다. 그리하여 회전하는 축의 회전수를 결정하는 데 이 현상을 어떻게 이용할 수 있는가 하는 것도 쉽게 생각할 수 있다.

시간의 현미경이란 무엇일까?

우리는 이미 그림3-38에서와 같이 1초 동안에 30번 회전하는 원판을 매초 120번 번쩍거리는 전깃불로 비추어볼 때 그것이 우리 눈에는 멈추어 있는 것처럼 보인다는 것을 알고 있다.

그런데 전깃불의 번쩍거리는 수를 121로 했다고 생각한다면 처음과 그 다음에 번쩍이는 시간 사이에 이번에는 그 원판이 완전한 $\frac{1}{4}$회전을 하지 못하게 된다. 따라서 개개의 부채 모양이 맨 처음의 위치에까지 도달하지 못하게 된다. 그리하여 그 부채 모양을 우리가 눈으로 볼 때에 그것은 원주의 $\frac{1}{120}$만큼 뒤떨어진다.

이와 같이 계속 되면 결국 우리들에게는 그 원판이 1초에 한 바퀴씩 뒤로 도는 것처럼 보이게 된다. 따라서 겉보기의 운동은 실제의 운동보다 30배나 늦어진다.

이번에는 반대로 도는 것이 아니라 천천히 바로 도는 회전을 어떻게 하면 얻을 수 있는가를 생각하여 보자. 이것은 그리 어렵지 않다. 빛의 번쩍거리는 수를 증가시키는 것이 아니라 감소시키면 된다. 그리하여 1초에 119번씩 번쩍이도록 한다면 결국 원판은 1초에 1회씩 바로 돌 것이다.

바꾸어 말해서, 우리는 여기에서 시간(회전 또는 운동시간)을 30배나 늦추게 하는 '시간의 현미경'을 보게 된다. 이것은 얼마든지 더 늦출 수도 있다. 전등의 점멸수를 10초 동안에 119번씩 번쩍이도록 한다면 원판은 10초에 1회전 하는 것처럼 보일 것이다. 이는 곧 300배가 늦추어 진다.

임의의 고속 주기운동을 이상에서 설명한 방법처럼 마음대로 늦출 수가 있다. 100배 혹은 1,000배 되는 우리들의 '시간의 현미경'으로서 어떤 운동이든지 그것을 늦추게 하는 방법에 의하여 매우 빠

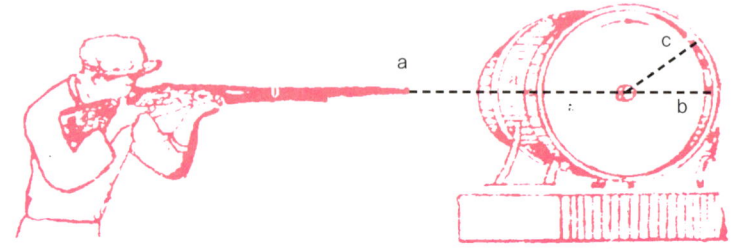

그림 3-39 탄알의 운동속도의 측정

른 기계들의 특성(성능)을 연구하는 편리한 가능성이 생긴다.

결론으로 회전하는 원판의 회전수를 엄밀히 결정할 수 있는 가능성에 기초하여 탄알이 날아가는 속도를 결정하는 방법에 대하여 이야기해 보자.

고속으로 회전하는 원통의 안쪽에 마분지판을 끼우자(그림3-39). 사격자는 이 마분지 원통의 직경에 따라 탄알을 쏘아서 그 벽을 두 곳에서 뚫는다. 만약에 이때 원통이 움직이지 않는다면 이 두 구멍은 하나의 직경의 양쪽 끝에 놓이게 될 것이다.

그런데 탄알이 원통의 한쪽 기슭에서 다른 기슭에까지 날아가는 동안에 그 원통 자신이 회전하였다. 그러므로 탄알이 원통을 뚫고 날아가는 자리가 점 b 대신에 c가 된다.

여기에서 원통의 회전수와 직경을 알면 호 bc의 크기에 따라 탄알이 날아가던 속도를 계산할 수 있다. 이것은 그리 복잡하지 않은 기하학의 문제인데 수학을 공부했던 여러분은 그다지 힘들이지 않고도 해결할 수가 있다.

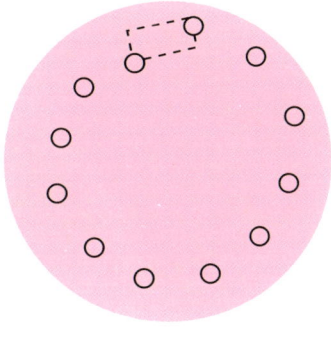

그림 3-40

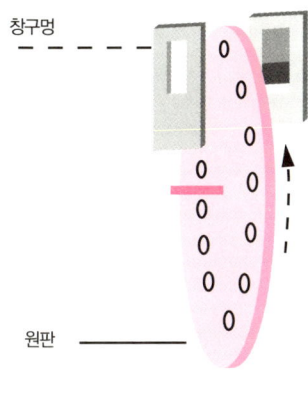

그림 3-41

시착각은 기술에서 어떻게 이용하는가?

시착각을 기술적으로 재미있게 응용하고 있는 것은 텔레비전의

133

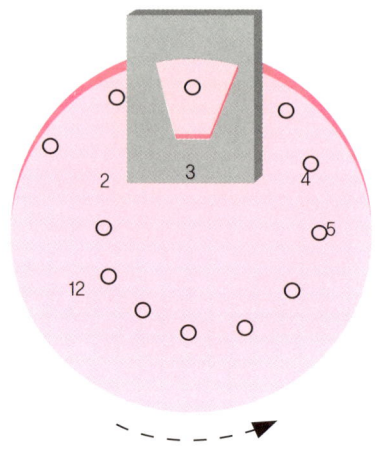

그림 3-42

장치에서 사용되고 있는 '니코브의 원판' 이다.

그림3-40에는 크기가 2mm되는 12개의 작은 구멍들이 테두리 가까이에 산재해 있는 원판이 있다. 구멍들은 나선에 따라 균열하게 배치되어 있다. 따라서 개개의 구멍은 인접한 구멍보다 중심에 가깝게 놓여 있다. 이 원판은 그 어떤 특수한 것은 아니다.

그런데 그림3-41과 같이 원판을 축에다 설치한 후 앞에 작은 창구멍을 설치하고 원판 뒤에는 창구멍과 같은 크기의 그림을 설치하자.

원판을 빨리 회전시키면 기대하지 않았던 현상이 일어난다. 즉 원판이 움직이지 않았을 때에 가려졌던 그림들이 원판을 돌려줌에 따라 앞에 있는 창구멍에 똑똑하게 보이게 된다. 회전을 천천히 해 보자. 그림은 점점 흐려지며 마지막으로 원판이 멈출 때에는 아예 사라지고 만다. 이제 그림은 2mm의 구멍 하나를 통해서 볼 수 있는 부분만이 남는다.

　이러한 효과를 내는 원판의 비밀이 어디에 있는가를 밝혀보자.

　원판을 천천히 돌리면서 개개의 구멍들을 순차적으로 뒤쫓아 보자. 중심에서 가장 멀리 떨어져 있는 구멍은 창구멍의 윗 테두리 가까이를 지난다. 만일 원판의 운동이 빠르다면 이 구멍은 그가 회전하면서 접하는 그림의 전체 띠를 우리가 볼 수 있게 한다.

　처음의 것보다 좀 낮은 곳을 지나는 그 다음의 구멍은 원판이 급속히 회전할 때 처음의 구멍에 의한 그림에 인접한 두 번째 그림띠를 보여준다. 두 번째의 구멍은 세 번째 띠를 볼 수 있게 하고 그 다음의 구멍들도 이와 같다.

　원판을 충분히 빨리 회전시킬 때에는 바로 이것 때문에 그림의 전부가 우리에게 보이게 된다. 따라서 결과적으로는 창구멍에 대해 원판 부분에 그 창구멍과 일치하는 크기의 구멍이 오려진 것처럼 보여지는 것이다.

　니코브의 원판은 누구나 쉽게 만들 수가 있다. 그것을 빨리 돌리기 위해서는 그 축에 감은 노끈을 이용할 수도 있다. 물론 조그마한 전기모터로 돌리는 것이 더욱 좋다.

토끼는 왜 머리를 갸웃거리는가?

　사람의 눈은 그 두 눈이 어떤 한 대상을 동시에 고찰하는 면에 적

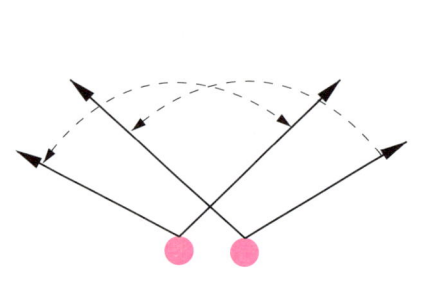

그림 3-43 사람의 양쪽 눈의 시야   그림 3-44 토끼의 양쪽 눈의 시야

응되어 있다. 즉 사람의 오른쪽 눈의 시야와 왼쪽 눈의 시야는 약간의 차이만이 있을 뿐 거의 일치하고 있다.

그런데 동물의 대다수는 왼쪽 눈과 오른쪽 눈이 각각 반대로 보며 그 시야가 다르다. 동물들에게 보는 대상은 사람이 보는 윤곽과 별다른 것은 없지만, 다만 동물들의 시야는 사람의 시야보다는 훨씬 넓다.

그림3-43에는 사람의 시야가 그려져 있다. 사람의 양쪽 눈은 수평방향으로는 각각 120°의 한계 내에서 보며 이 두 각은 서로 겹친다(눈알을 움직이지 않고 고정되어 있다고 하자.).

이 그림을 토끼의 시야를 표시한 그림3-44와 비교하여 보아라. 머리를 돌리지 않고서도 토끼는 자기의 눈으로 앞에 있는 것만 보는 것이 아니라 뒤에 있는 것까지도 본다. 토끼의 양쪽 눈의 시야는 앞과 뒤에서도 겹친다. 토끼를 놀라게 하지 않고 가만히 접근하는 것

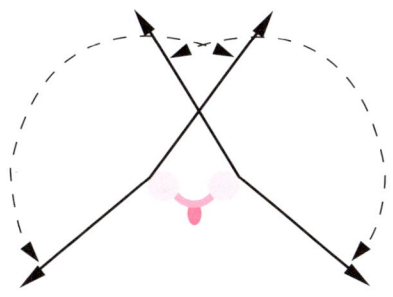

그림 3-45 말의 양쪽 눈의 시야

이 왜 그렇게 힘든 일인가 하는 것을 이제 알게 되었다.

그러나 토끼의 눈에도 결함은 있다. 즉 그림에서 보는 바와 같이 토끼는 자기의 바로 코앞에 있는 물건은 전혀 보지 못한다. 토끼는 대단히 가까운 대상을 보기 위해서는 자기의 머리를 옆으로 돌려야만 한다.

유제동물과 반추동물은 거의 예외없이 이러한 전면적인 시야의 능력을 가지고 있다.

그림3-45는 말의 시야가 얼마나 넓은가를 보여주고 있다. 양쪽 눈의 시야는 뒤에까지는 가지 않으나 말이 뒤에 놓인 대상을 보기 위해서는 약간만 머리를 돌리기만 하면 된다. 물론 이렇게 한쪽 눈만을 가지고 대상을 보는 것은 불명확하기는 하다. 그러나 자기의 주위에서 일어나는 아무리 사소한 운동이라 할지라도 이 동물의 눈으로부터 피할 수는 없다.

그런데 보통은 습격을 하는 맹수들은 자기 주위의 전체를 볼 수 있는 능력을 가지고 있지는 못하다. 그 대신 맹수들은 습격을 위한 거리를 정확히 판정할 수 있는 '쌍안 시각'을 소유하고 있다.

어둠 속의 고양이는 왜 모두 회색인가?

"어둠 속에서 모든 고양이는 새까맣다."
수많은 사람들이 이렇게 말할지도 모른다. 왜냐하면 조명이 없을 때에는 어떠한 대상도 전혀 보이지 않기 때문이다. 그러나 여기에서 말하는 요지는 완전한 암흑을 두고 말하는 것 아니라, 보통 말하는 의미의 어둠으로 매우 약한 조명을 말하는 것이다.

서양에는 '밤에는 고양이가 모두 회색빛이다'라는 속담이 있다. 이 말에 본래의 뜻은, 불충분한 조명일 경우에는 빛깔을 구별할 수 없으므로 모든 것은 외관상의 회색으로 보인다는 뜻이다.

사실 그럴까? 반 암흑 속에서는 새빨간 깃발이나 푸른 나뭇잎도 모두 같은 회색으로 보일까? 이와 같은 주장이 정당하다는 것은 쉽게 확인할 수 있다.

황혼에 물든 사물들의 색채를 주의 깊게 본 여러분은 누구든지 빛깔의 차이가 없어지고 모든 사물이 많든 적든 암회색으로 보인다는 것을 알았을 것이다. 붉은 집도, 푸른 벽도, 자주색 꽃도, 녹색 잎도 모든 것이 회색으로 보인다.

체홉의 소설 『편지』에서 다음과 같은 구절을 읽을 수 있다.

"내려진 덧문을 뚫고 여기까지는 태양 빛이 들어오지 못했다. 큼직한 꽃다발에 있는 장미꽃들이 모두 한 가지의 색으로 보일 만큼 어둠침침하였다."

정확한 물리학 실험에 의하면, 이 관찰을 완전히 증명할 수 있다. 만약에 채색된 표면을 약한 백색광으로 비추어 주고(혹은 흰 표면을 약한 색상으로 비추어 주고) 점점 조명을 세게 비추어줄 때 처음에는 아무런 빛깔도 없는 단순한 회색빛을 보게 된다. 조명이 어떤 일정한 정도에까지 세게 되어졌을 때 비로소 표면이 채색되어 있다는 것을 알아보게 된다.

이 정도의 조명을 '색감 하단' (즉 색을 감별할 수 있는 맨 밑끝)이라고 부른다. 이리하여 문자 그대로 완전히 옳은 의미로 말한다면 색감 하단 이하에서는 모든 대상은 회색으로 보인다는 것이다.

'색감 상단'은 색을 감별할 수 있는 맨 윗끝도 존재한다는 것이 알려져 있다. 따라서 몹시 밝게 조명을 하면 눈은 또다시 빛깔을 구별하지 못하게 되고 모든 채색 표면이 전부 흰색으로 보이게 된다.

찬 광선이 존재하는가?

마치 뜨겁게 하는 광선과 차갑게 하는 광선, 즉 더운 광선과 찬 광선이 존재한다는 생각이 일반화되어 있다. 예를 들어, 난로가 자기 주위를 뜨겁게 하는 것과 똑같이 얼음덩어리가 자기 주위에 냉기를 퍼뜨린다는 사실이 이런 의식을 가지게 한다.

그렇다면 난로에서 더운 광선이 나오는 것처럼 얼음에도 찬 광선이 뿜어져 나오지 않는가? 그러나 이러한 해석은 잘못된 것이다. 찬 광선이란 존재하지 않기 때문이다.

얼음 옆에 있는 물체가 차가워지는 것은 '찬 광선'의 작용에 의한 것이 아니라, 그 더운 물체가 방사의 형태로써 잃는 열이 '얼음에서 받는 열'보다 더 많기 때문이다. 더운 물체나 찬 얼음도 방사에 의하여 똑같이 열을 내놓는 것이다. 즉 얼음보다 더운 물체는 받는 열보다 잃는 열이 더 많기 때문에 물체가 식어지는 것이다.

찬 광선이 있다는 것에 대한 생각을 가질 수 있게 하는 효과적인 실험이 있다.

길다란 강당에서 서로 대하고 있는 벽 가까이에 커다란 오목거울들이 설치되어 있다. 만약에 한쪽 거울의 초점에 강력한 열원을 가져다 놓으면 그가 방사하는 광선은 거울에서 반사한 다음에 두 번째의 거울로 향하고 거기서 다시 반사해서 한 점인 초점에 모여든다. 초점에 놓인 검은 종이는 타버리고 만다. 이것은 더운 광선이 존재한다는 것을 직접적으로 밝혀준다. 그런데 만약에 열원 대신에 첫 번째 거울의 초점에 얼음덩어리를 가져다 놓으면 두 번째 거울에 놓여 있는 온도계의 수은구로 모여드는 찬 광선을 얼음이 반사한다는 것을 의미하는 것이 아닌가?

온도계의 수은구는 반사에 의하여 그가 얼음으로부터 받는 것보다 더 많은 열을 얼음에 주기 때문에 수은은 식어 버린다. 그리하여 여기에서도 찬 광선의 존재를 가정할 수 있는 원인은 없다.

결론은 현재까지는 어떠한 찬 광선도 자연에는 없다. 모든 광선은 에너지를 주는 것이지 받는 것은 아니다.

주

1) 완전히 투명한 물체를 균일하게 빛을 산란시키는 벽으로 둘러 쌓음으로써 보이지 않게 할 수 있다. 벽의 옆 쪽에 조그만 구멍을 뚫고 눈으로 들여다보면 눈은 물체의 모든 점으로부터 전혀 물체가 없을 때와 똑같은 그러한 빛을 받는 것이다. 즉 아무런 명암도 없어서 물체의 존재를 판정할 수 없게 되는 것이다. 어떻게 이러한 실험을 할 수 있는가 하는 것을 말해 보자. 그림 3-3에서와 같이 흰 도화지로 만든 깔때기 모양의 갓을 25촉 정도의 전등에서 어느 정도 떨어지게 설치한다. 아래로부터 가능한 한 연직방향으로 유리막대기를 들이민다. 연직방향 위치에서부터 약간 기울어지면 막대기는 축이 어둡고 기슭이 하얗게 보이든지 또는 반대로 축이 하얗고 기슭이 어둡게 보인다. 막대기의 위치를 약간 변동시킴에 따라 이렇게도 저렇게도 보이는 것이다. 조절을 잘하면 막대기를 완전히 균일하게 조명할 수 있게 되며 그때에는 갓이 좁은(1cm 정도의) 옆 구멍을 통해 들여다보는 눈에 대해서는 완전히 보이지 않고 사라져버리는 것이다. 이런 조건에서는 유리의 굴절률이 공기의 그것과는 매우 다른 것임에도 불구하고 유리가 완전히 보이지 않게 된다.
2) 동물체에 그 어떤 시각을 일으키기 위해서 광선을 미약하게나마 눈에 어떤 변화를 주어야 한다. 즉 일정한 일을 수행해야 한다. 그러기 위해서 광선은 극소의 부분이나마 눈에 걸려야 한다(즉 일부분은 눈에 흡수되어야 한다). 그러나 완전히 투명한 눈이라면 물론 광선은 흡수하지 못한다. 그렇지 않으면 그것은 투명할 수 없는 것이다. 자기의 몸이 투명해서 다른 동물의 눈에 띄지 않게 되어 자체를 방어하는 모든 동물에 있어서도 눈은(만일 눈이 있는 동물이라면) 완전히 투명하지는 않은 것이다. 유명한 해양학자는 다음과 같이 쓰고 있다. "바다의 수면 바로 아래에 사는 대부분의 동물은 투명하고 빛깔이 없다. 그 동물을 그물로 건져 올리면 그 동물의 혈액에는 헤모글로빈(혈색소)이 없어서 완전히 투명하기 때문에 오직 눈알에 의해 알아볼 수 있다."
3) 이 경우의 반사를 '전반사'라고 부르는 이유는 여기서는 모든 입사선이 반사되는 까닭이다. 그런데 가장 좋은 거울(연마한 마그네슘 또는 은)이라 할지라도 입사광선의 일부분만을 반사하고 나머지 부분을 흡수해 버리는 것이 보통이다. 그러나 물은 이러한 조건 하에서 이상적인 거울이 된다.
4) 여기에서 '뜨거운 광선'이라는 말은 색조를 특징지움에 있어서 미술가들이 쓰는 그러한 의미에서 사용한 말이다. 그들은 붉은색과 등색을 '더운' 색이라고 하는 푸른 계통의 색을 '찬' 색이라고 한다.
5) 이 그림은 유명한 까왈레리의 기하학적인 원리(담배 파이프의 두 부분이 차지하는 면적이 같다는 것)를 표시하는 그림이다. 그렇기 때문에 '담배 파이프의 착각'이라고 부른다.

제4장 전기현상과 자기현상

¤ 전기현상과 자기현상

자석이란 무슨 뜻인가?

 옛날 중국 사람들은 천연자석(자철광)을 '어진 돌'이라고 불렀다. 중국 사람들의 말에 의하면 자석은 '어진', '자애스러운' 돌이라는 뜻인데, 이것은 자애가 깊은 어머니가 자식을 품에 껴안는 것처럼 철을 끌어 붙인다고 하는 말이다.
 그런데 중국과 지구상의 위치로 볼 때 정반대 쪽에 있는 프랑스에서도 자석을 이와 비슷한 이름으로 부르고 있었다는 것은 매우 신기한 일이다. 프랑스 말에서 'aimant'이라는 단어는 '자석'을 의미함과 아울러 '어진, 또는 자애 깊은'을 의미한다.
 이 애정의 힘은 천연자석에 있어서는 미약하기만 하다. 그러므로 자석의 희랍 이름인 '헬쿠레스의 돌'이라는 말이 현대의 우리들에게는 매우 소박하게 들린다. 헬쿠레스는 희랍의 신화에 나오는 신의 이름인데, 그는 쥬피터의 아들로서 매우 힘이 센 신이었다.
 만일 고대 희랍의 사람들이 자철광의 대수롭지 않은 흡인력에 그렇게도 놀랐다고 한다면, 고대 희랍의 사람들이 현대의 야금공장에

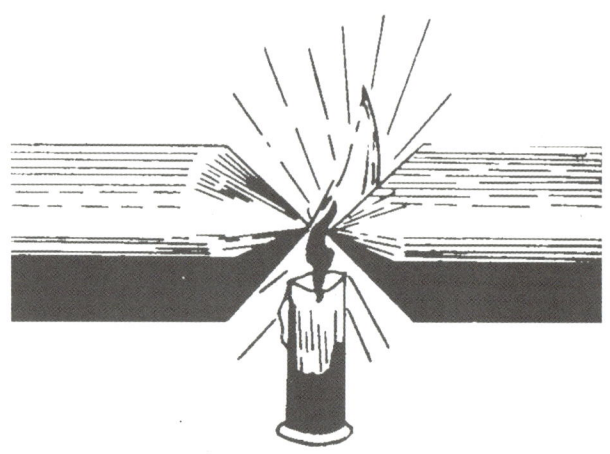

그림 4-1 전기자석의 극 사이에 놓은 촛불

서 수 톤의 철덩어리를 단번에 들어올리는 자석을 보았다면 과연 무엇이라고 말하였을까?

물론 그것은 자철광이 아니고 '전기자석'이지만 말이다. 전기자석은 전류에 의하여 자화된 철뭉치다. 그러나 이 두 가지 경우의 어느 것을 막론하고 작용하는 힘은 동일한 본성인 자성의 힘이라는 점에는 마찬가지다.

자석은 철에 대해서만 작용한다고 생각해서는 안 된다. 비록 철에서처럼 뚜렷하지는 않지만 강력한 자석의 작용을 받는 많은 물질들이 있다. 예를 들어 니켈, 코발트, 망간, 금, 은, 알루미늄 등의 금속은 자석에 의하여 미약하지만 흡인력을 받는다. 반자성체들인 아연, 납, 황, 비스무트 등의 성질은 좀더 기이하여 그것들은 강력한 자석으로부터 오히려 배척을 당한다.

액체나 기체들도 매우 미약하기는 하지만 자석의 흡인력 혹은 배척력을 받는다. 이러한 물질에 대하여 자기의 영향을 나타내려면 자석은 매우 강력해야만 한다. 예를 들면, 순수한 산소는 성자성체로서 자석에 의하여 끌린다.

만일 비눗물에서 비누거품을 불어서 거기에 산소를 채운 다음 그것을 센 전기자석의 양극 사이에 가져가면 거품은 한쪽 극에서 다른 쪽 극으로 뚜렷하게 늘어진다.

그림4-1과 같이 강력한 전기자석의 양 끝 사이에 있는 촛불은 자체의 고유한 형태를 변화하며 자력에 대한 감수성을 똑똑히 나타낸다.

남극에서는 나침반의 바늘이 어디를 향하는가?

우리는 흔히 나침반의 바늘은 항상 한 쪽이 북쪽을 가리키고 다른 쪽이 남쪽을 가리킨다고 생각해왔다. 그렇다면 아래와 같은 질문을 어떻게 생각하는가.

"지구상의 어디에서 자침의 양 끝이 모두 남쪽을 가리키겠는가?"

여러분들은 으레 우리들이 살고 있는 지구라는 이 행성에는 그러한 곳은 없으며 있을 수도 없다고 단언할 것은 뻔한 일이다. 그런데 그러한 장소가 있다.

지구의 자기적인 남북극과 그의 지리학적인 남북극이 일치되지 않는다는 것을 상기해라. 그러면 여러분들은 아마도 위에서 말했던 터무니 없는 질문들이 지구상의 어느 위치를 두고 말하고 있는가를 짐작할 수 있을 것이다.

 지리적으로 남극에 가져다 놓은 나침반의 바늘은 어느 곳을 가리키겠는가? 바늘 한쪽 끝은 가까운 자기적인 극으로 향하고, 다른 쪽 끝은 그와는 반대되는 쪽을 향할 것이다.

 그런데 남극에서 길을 나서서 어떤 방향으로 가든지간에 우리는 항상 북으로 향하게 될 것이다. 남극으로부터는 다른 방향이 없이 남극의 주위는 어느 곳이든지 모두 북쪽이다. 다시 말해서, 거기에 놓여 있는 자침은 양 끝이 모두 북쪽을 가리킨다.

 지리적으로 북극에 놓인 나침반의 바늘 역시도 그의 양쪽 끝이 남쪽을 가리킨다.

자력선은 어떻게 알아내는가?

 그림4-2에서는 이상한 광경을 보여주고 있다. 이 그림은 사진을 복사한 것인데, 전기자석의 양극 위에 걸쳐놓은 팔에 못들이 솟아 있다. 그런데 이때, 사람의 팔 자체는 자력을 도무지 감각하지 못한다. 전혀 보이지 않는 줄이 팔을 거쳐 지나가고 있다. 그러므로 철 못들이 일정하게 배치됨으로써 한쪽 극에서 다른 극으로 가는 자력의 방향을 나타낸다.

그림 4-2 자력이 사람의 팔을 거쳐 지나간다.

사람에게는 자력에 대한 감각기관이 없다. 따라서 개개의 자석을 둘러싸고 있는 이러한 자력의 존재에 대해서 우리는 다만 짐작을 할 수 있을 뿐이다.[1]

그러나 간접적으로 이 힘의 분포형태를 밝히는 것은 그리 어렵지는 않다. 그렇게 하기 위해서는 부드러운 철가루를 사용하는 것이 가장 좋다.

매끄러운 도화지나 유리조각 위에 균일한 두께로써 철가루의 얇은 층을 쌓는다. 도화지나 유리 밑에 보통의 자석을 가져다 놓고 약하게 톡톡 두드려 철가루를 흔든다. 자력은 도화지나 유리판을 거침없이 뚫고 지나간다. 따라서 철가루는 자석의 작용 밑에서 자화된다.

우리가 철가루를 흔들 때는 그들이 순간적으로 판에서 튀어올라와 그 점에서 자침이 취할 위치는 '자력선'에 따라 쉽게 다시 배치

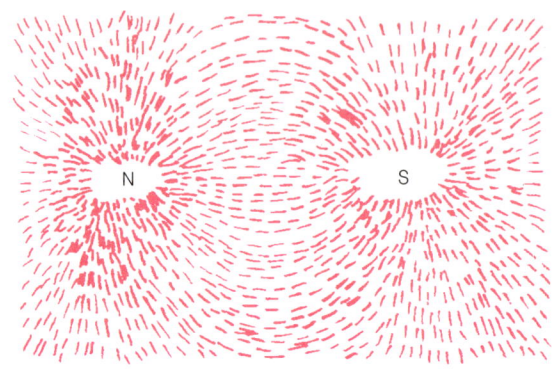

그림 4-3 자석의 극 위를 덮은 도화지상에서의 철가루의 분포상태

된다. 그 결과 철가루들은 줄을 지어 배치되며 보이지 않는 자력선의 분포를 나타내게 된다.

철가루를 뿌린 판을 보통 자석위에 놓고 판을 흔들어 주면 우리는 그림4-3과 같은 모양을 얻게 된다. 자력은 복잡한 곡선계를 만든다. 철가루들이 두 극으로부터 어떻게 방사선의 모양으로 퍼져나가고 있는가, 두 극 사이에서 어떤 것은 짧고 어떤 것은 긴 호를 형성하면서 철가루들이 어떻게 서로 연결되는가를 살펴보자.

여기에서 철가루는 두 자석의 주위에 보이지 않게 존재하는 바로 자력선을 똑똑히 보여주는 것이다.

극에 가까이 갈수록 철가루의 곡선들이 배열지어 뚜렷해진다. 반대로 극에서부터 멀어지면 철가루들은 서로 엉키게 된다. 이리하여 철가루들은 거리가 멀어짐에 따라 자력이 어떻게 약화되어 지는가를 직접적으로 증명하고 있다.

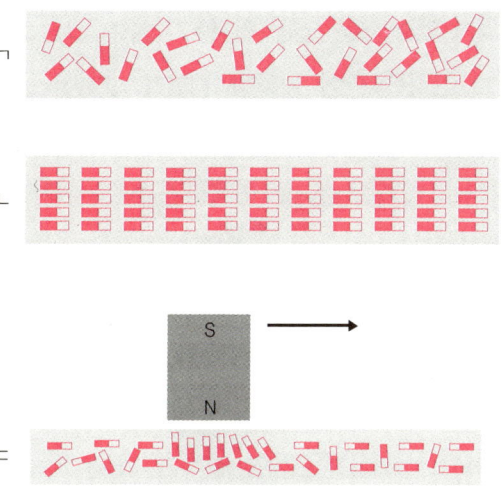

그림 4-4 ㄱ. 자화되지 않은 강철막대기에서의 원자자석의 배열 ㄴ. 자회된 강철에서의 원자자석의 배열 ㄷ. 자화되지 않은 강철의 원자자석에 대한 자극의 작용

강철은 어떻게 자화되는가?

여러분 중에서 흔히 제기되는 이상과 같은 물음에 대답하기 위해서 우선 자석이 아닌 강철막대기와 자석이 다른 점이 무엇인가 하는 것을 설명해야 하겠다.

강철(자화된 것이든, 자화되지 않은 것이든)을 형성하는 개개의 강철의 원자를 우리는 작은 자석과 같이 볼 수 있다. 자화되지 않은 강철에 있어서 이 원자자석은 서로 칠서없이 배열되어 있고, 그 결과로 개개의 작용은 반대쪽으로 배치된 원자자석에 의하여 상쇄된

151

다(그림4-4의 ㄱ).

반대로 자석에 있어서는 모든 원자자석들이 그림4-4의 ㄴ에서 보는 바와 같이 일정한 극이 동일한 방향을 향하고 순서있게 배열되어 있다.

자석으로 강철막대기를 문지르면 그 속에서는 무엇이 진행되는가? 자체의 인력에 의하여 자석은 강철막대기에서의 원자자석의 같은 극들은 같은 쪽으로 돌려놓는다.

그림4-4에서는 이것이 어떻게 진행되는가를 직접적으로 보여주고 있다. 처음에 원자자석의 남극이 자석의 북극 쪽으로 돌아간다. 다음에 자석이 멀리 떨어져나가면 원자자석들은 남극을 막대기의 안쪽으로 향하게 하고 자석의 운동방향에 따라 배열된다.

강철막대기를 자화하려면 자석을 어떻게 작용시켜야 할 것인가 하는 것은 여기서 쉽게 이해할 수 있다. 강철막대기의 끝에 자석의 한쪽을 가져대 대고 단단히 눌러주면서 자석을 강철막대기를 따라 끌어간다. 이것은 작은 자석을 만드는 데(다만 약한 것밖에는 얻을 수 없지만) 가장 간단하고 가장 오래된 방법 중의 하나다. 강력한 자석은 전류에 의해서 만든다.

전자석은 얼마나 큰 일을 하는가?

야금공장에 가면 거대한 짐들을 옮겨놓는 전자석이 달린 기중기

그림 4-5 철편을 옮기는 전자석기중기   그림 4-6 못통을 옮기는 전자석기중기

들을 볼 수 있다. 이러한 기중기는 주강공장이나 또는 그와 비슷한 공장에서 철덩어리를 들어올리고 이동하는 경우에 이루 헤아릴 수 없을 만큼 큰 역할을 하고 있다.

수십 톤이나 되는 육중한 철덩어리나 기계의 부속품들이 이 전자석기중기에 의하여 잡아 묶지도 않은 채로 아주 간편하게 움직이고 있다.

또한 전자석기중기로 철판, 철사, 못, 폐철 및 기타 재료들을 상자에 놓지도 않고 포장도 하지 않은 채로 옮겨놓을 수도 있다. 다른 방법으로는 이러한 것들을 옮기려면 매우 곤란할 것이다.

그림4-5와 그림4-6에서 여러분은 전자석의 이러한 유익한 역할을 볼 수 있다. 이때 여러분은 짐들을 기중기에 묶어야 하지 않을까

하고 근심할 필요는 없다. 짐이 떨어져서 큰 사고가 나지 않을까 하는 걱정도 필요가 없다. 전자석의 코일에 전류가 통하고 있다면 한 조각도 떨어지지 않는다. 보이지 않는 자력이 튼튼한 볼트나 쇠사슬보다도 더 믿음직하다.

어떤 사람들은 전자석이 하는 일을 보면서 다음과 같은 생각을 할 수도 있다.

"작열된 쇠덩어리를 전자석으로 운반하면 얼마나 편리할까?"

유감스럽지만 이것은 일정한 온도 이하에서만 가능한 것이다. 왜냐하면 작열된 철은 자화되지 않는 까닭이다. 800℃까지 뜨거워진 자석은 자석의 성질을 잃어버리고 만다.

마술사의 비밀은 어디에 있는가?

때로는 마술사들도 자력을 이용한다. 마술사들이 이 보이지 않는 힘을 가지고 얼마나 효과적인 마술을 부릴 수 있느냐를 생각하는 것은 그리 어렵지가 않다.

우선 어떤 마술사가 자신의 마술의 내막을 모르는 관중들에게 현대적인 마법이라는 신비감을 일으켰던 이야기를 들어보자.

무대 위에는 뚜껑에 손잡이가 달린 쇠장식을 한 조그마한 궤통이 놓여 있다. 마술사는 관중들 중에서 힘 깨나 쓸만한 사람을 지목하여 불렀다. 마술사의 부름에 응하여 중년쯤 되어 보이는 몸집이 단단한 사람이 앞으로 걸어나왔다. 그는 빈틈없이 살피면서도 자기 자신을 충분히 믿고 있는 듯 여유 있는 미소를 지으면서 마술사에게로 가까이 다가왔다. 마술사는 사내의 머리털에서부터 발톱 끝까지 유심히 살핀 다음에 이렇게 물었다.

"당신은 힘이 센 편이라고 생각하십니까?"

"그렇소."

사내는 서슴없이 대답하였다.

"혹시 당신은 언제나 자신의 힘이 그렇게 세다고 믿고 있나요?"

"물론이요."

"아니, 당신은 생각을 잘못하고 계십니다. 나는 눈 깜짝할 사이에 당신의 힘을 뽑아버릴 수도 있지요. 그러면 당신은 젖먹이의 아기처럼 약하게 될 것입니다."

사내는 마술사의 말을 믿을 수 없다는 듯 경멸적인 웃음을 띠며 바라보고 있었다.

"그럼 이리로 와서 이 궤통을 들어 올려보십시오?"

사내는 허리를 굽히더니 궤통을 들어올리고 자신있게 말했다.

"이만하면 됐소?"

"잠깐만 기다리시오!"

마술사는 건방지게 물어오는 사내에게 엄숙한 태도를 짓고 위압적인 몸짓을 하면서 장엄한 어조로 이렇게 말했다.

"이제 당신은 여자보다도 약해졌습니다. 다시 한 번 이 궤통을 들어올려 보십시오?"

사내는 마술사의 마력을 조금도 겁내지 않고 또다시 궤통을 잡고 들어올렸다.

　그러나 이번에는 궤통은 더이상 만만하지가 않았다. 필사적인 노력에도 불구하고 궤통은 문자 그대로 그 자리에 들러붙어서 꼼짝달싹도 하지 않았다.

　사내는 굉장히 무거운 것이라도 들어올릴 만한 힘으로 그 조그마한 궤통을 들어올리려고 계속해서 애를 썼지만 헛수고였다. 피로에 지친 사내는 숨을 헐떡거리며 부끄러움에 얼굴을 붉히면서 끝내 손을 멈추고 말았다.

　이제야 사내는 마법의 힘을 믿게 되었다. 이 마법의 비밀이란 아주 간단한 것이었다.

　쇠로 만든 궤통의 밑바닥이 설치된 상 위에 닿도록 놓여 있다. 전류가 없는 동안은 궤통을 들어올리는 것은 그리 어렵지가 않다. 그러나 전자석의 코일에 전류를 흘려주면 2~3명의 사람의 힘으로는 궤통을 뗄 수 없게 되는 것이다.

체육에서는 자석을 어디에 이용할 수 있는가?

　강력한 자석은 예상도 하지 못했던 체육에서도 응용되게 되었다. 역도선수들은 그림4-7에서 보는 것과 같은 전자석의 장치를 이용하여 신체의 훈련을 하고 있다.

　기중기에 사용되는 전자석을 마루에서부터 사람의 키보다도 약

그림 4-7 강력한 자석의 작용

간 높은 위치에 매달아 놓고 역도선수들은 손에 철로 만든 추를 쥐고 서서 그 추를 자석이 끌어당기려는 것(견인력)을 이겨내려고 힘쓴다.

이때 훈련지도자가 조절하는 전류의 세기에 따라 자석의 견인력은 여러 가지로 될 수 있다. 견인력이 세질 때 그에 따라 역도선수들이 힘을 더 주고, 또 힘을 함께 합하지 않는다면 선수들은 자석에 끌려가고 말 것이다.

또한 그렇게 전류의 세기를 조절하여 견인력을 크게 작게 할 수도 있다.

농업에서는 자석이 어떻게 이용되고 있는가?

농민들이 우선 재배식물의 종자를 다른 잡초의 씨와 구별하여 골라내는 방법에도 자석을 이용하고 있는 것은 재미있는 일이다. 또한 이 방법은 간단하기 때문에 널리 이용해도 좋다.

원래 잡초의 씨에는 솜털이 많이 들러붙어 있어서 자기의 옆을 지나가는 동물들의 털에 쉽게 들러붙어 그 잡초가 있던 원산지로부터 멀리 떨어진 곳에까지 분포된다.

이것은 수만 년 동안의 생존경쟁의 과정에서 잡초가 자기의 번식을 유지하기 위해서(외부 환경에 적응하기 위한 투쟁 속에서) 얻어낸 특성인데, 이것이 그 토실토실한 씨를 목초나 아마와 같은 유익한 식물의 매끈매끈한 씨로부터 분리해낼 수 있도록 한다.

그렇다면 어떻게 자석으로 분리해내는가?

잘 마른 재배식물의 씨와 잡초의 씨가 섞인 곳에 철가루를 뿌려주면 그 철가루들이 매끈매끈한 유용식물의 씨에는 들러붙지 않고 잡초의 씨에는 들러붙게 된다. 이때 이것들을 상당히 강한 전자석이 작용되는 곳에 집어넣으면 그 혼합된 종자들 중에서 순수한 유용식물의 씨와 철가루가 묻은 잡초의 씨가 자동적으로 분리되어 진다. 즉 전자석은 철가루가 묻은 잡초의 씨를 하나도 남김없이 전부 잡아낼 것이다.

이와 같은 방법으로 목초의 종자를 선별하기 위한 '자석선별기'는 한 시간에 많은 양을 처리할 수 있다.

자석을 이용하는 비행기가 있을 수 있는가?

어느 흥미있는 과학소설에서는 자력(자석의 힘)에 의해서 동작하는 기계를 발명해서 사람이 그것을 타고 달나라로 여행하는 이야기를 쓰고 있다. 이것이 정말로 가능한지 아니면 불가능한지를 알아보기로 하자.

"나는 가벼운 무쇠수레를 준비하라고 명령하였다. 나는 무쇠수레 속에 들어가서 자리에 앉은 다음에 자석으로 된 공을 나의 머리 위로 높이 던져올렸다. 무쇠수레는 자석공을 따라 위로 떠 올라갔다. 이리하여 무쇠수레가 자석공이 올라가 있는 그 자리 가까이로 접근할 때마다 나는 또다시 그 자석공을 위로 던져 올렸다. 심지어는 내가 그저 자석공을 팔로 올려주기만 해도 무쇠수레는 자석공에 접근하려고 위로 떠 올랐다.

이와 같이 자석공을 여러 번 던져올리고 그에 따라 무쇠수레가 떠 올라간 후에 달나라 위에까지 올라갔다.

이제는 달 표면에 무사히 착륙을 해야만 한다. 그래서 무쇠수레가 나를 버리고 혼자서 달나라에 떨어지지 않게 하기 위해서 나는 자석공을 꼭 붙잡고 있었다(무쇠수레는 자석공에 붙어 있었다.).

그 다음에 나는 자석공을 옆으로 내던져서 무쇠수레가 달 위에서 갑자기 떨어지는 것을 제동하며 천천히 떨어지게 하였다. 그리하여 내가 달의 표면에서 500~600m쯤 되는 거리에 이르렀을 때, 나는 달 표면에 매우 가까워질 때까지 자석공을 무쇠수레의 낙하방향에 직각이 되게 던지기 시작하였다.

또 그 다음에 나는 무쇠수레에서 간단히 뛰어내려서 가볍게 모래밭에 설 수가 있었다."

누구를 막론하고(이 소설의 저자 자신이나 독자나 할 것없이) 이러한 자석비행기는 도저히 실현될 수 없다는 것을 의심할 사람은 아마 하나도 없을 것이다.

그러나 나는 도대체 이러한 기계를 왜 실현하기 불가능한가, 그의 기본 결함이 어디에 숨어 있는가를 옳게 밝혀낼 여러분은 그리 많지 않으리라고 생각한다. 즉 무쇠수레에 앉아서 자석공을 내던질 수가 없는 것인지 혹은 무쇠수레가 자석공에 끌려가지 않을 것인지 또는 기타의 어떤 다른 원인에 있는지는 밝혀보아야 할 것이다.

사실은 자석공을 던질 수도 있으며, 만일 그것이 강력한 것이라면 무쇠수레를 끌어당기기도 할 것이다. 그러나 비행기는 조금도 위로 올라가지는 못할 것이다.

여러분은 보트 위에서 강가로 무거운 물건을 던져본 일이 있는가? 그렇게 되면 배 자체가 강가에서부터 틀림없이 뒤로 밀려나버리고 만다. 이때 여러분의 근육은 던지는 물건에 한 방향으로 충격을 주면서 동시에 여러분의 몸(물론 보트와 함께)을 반대방향으로 밀어버린다.

여기에서도 이미 누차 언급했던 작용과 반작용의 법칙이 나타난다. 자석을 던질 때에도 똑같이 진행된다.

이 무쇠수레의 손님은 자석공을 위로 던져올리면서 더구나(공이 무쇠수레에 흡인되기 때문에 이때는 매우 큰 힘으로 던져야 하겠지만) 불가피하게도 무쇠수레를 아래쪽으로 밀어버린다. 그래서 그 다음에 자석공과 무쇠수레가 그들의 흡인력에 의하여 또다시 접근할 때에는 그들은 최초의 자리로 돌아가고 말았다.

만일 무쇠수레가 무게를 전혀 가지고 있지 않다고 가정한다고 해도 자석공을 던지는 것에 의해서는 다만 어떤 중간의 위치를 중심으로 하는 진동밖에는 할 수 없다는 것이 명백해진다. 이러한 방법으로 전진운동을 한다는 것은 불가능한 일이다.

이 소설의 저자는 작용과 반작용의 법칙을 이해하지 못하고 있었던 것같다. 그러므로 이 풍자작가가 지어낸 자신의 우스운 공상이 불합리하다는 것을 옳게 설명할 수는 없었을지도 모른다.

마호메트의 관은 어떤 힘에 의하여 공중에 떠 있는가?

어느 날 전자기중기를 가지고 작업하고 있는 현장에서 재미있는 사건이 발생하였다.

한쪽 끝이 마루에 고정된 짧은 쇠사슬의 다른 끝에는 무거운 쇠고리가 달려 있었는데, 그것은 전자석에 의해서 위로 끌어당기고 있었다.

그런데 쇠고리와 자석 사이에는 손바닥 넓이만한 틈이 떨어져 있는 것을 한 노동자가 보았다. 괴상한 풍경이 아닐 수 없었다. 즉 쇠사슬이 꼿꼿하게 바로 서 있었다.

자석의 견인력은 그림4-8에서와 같이 거기에 노동자가 매달려도

그림 4-8 사람이 매달린 쇠사슬이 꼿꼿하게 서 있다.

쇠사슬이 자체의 위치(연직)를 보존할 만큼이나 컸던 것이다.[2]

이제 마호메트의 관에 대해서 이야기해 보자.

회교도들은 '예언자 마호메트'의 유골이 들어 있는 관이 마루와 천장 사이에 아무런 유지물도 없이 공중에 떠 있는 상태로 멈추어 있다고 확신하고 있다.

이것이 정말 가능한 일인가? 여기에 관하여 역학자인 오일러는 자신의 저서『물질에 관한 수기』에서 다음과 같이 말하였다.

"마호메트의 관을 어떤 자석의 힘으로 받치고 있다고도 이야기를 한다. 이것은 불가능한 일은 아니다. 왜냐하면 인공적으로 만든 자석으로 100훈트까지 들어올리는 것이 있기 때문이다."[3]

'훈트'라는 단위는 고대 러시아의 무게의 단위로서 약 0.41kg에 해당한다. 따라서 100훈트면 41kg이다.

그러나 이와 같은 설명은 적당하지 못한 것같다. 만일 이 방법으로(자석의 흡인력을 이용해서) 어떤 순간에 그러한 평형에 이르렀던들 그 평형은 극히 사소한 충격이나 공기의 극히 작은 이동에 의해서도 충분히 깨뜨려질 수 있기 때문이다.

그렇다면 관은 바닥으로 떨어지지 않으면 천장에 들어붙어 버리게 될 것이다. 관을 움직이지 않게 유지한다는 것은 마치 원추형을 그의 정점을 밑으로 하여 세우는 것처럼 이론적으로는 그럴 수도 있지만 사실에 있어서는 불가능한 일이다.

그러나 '마호메트의 관' 현상은 자석에 의하여(그러나 이때에는 그들 사이의 상호인력이 아니라, 이와 반대로 오직 상호간의 배척력을 이용해서) 충분히 실현시킬 수도 있다.

누구나 알고 있는 바와 같이 자석의 같은 극들은 서로 배척한다. 자화된 두 개의 막대기의 같은 두 극을 상대시키고 극 위에 극이 오도록 배치하면 두 막대기는 서로 배척하게 된다.

위에 있는 막대기의 무게를 알맞게 선택한다면 그것이 아래에 있

그림 4-9 마찰 없이 달아나는 객실. B. P. 웨인베르그가 창안한 철도

는 자석의 위에서 그 자석과 접촉 없이도 안정한 평형을 유지하고 공중에 떠 있게 하는 것은 어렵지 않은 일이다.

이때 다만 자석의 영향을 받지 않는 재료(예를 들면, 유리로 만든 막대기)를 사용해서 위에 떠 있는 자석이 수평면에서 돌지 못하게만 하면 된다. 이러한 설치를 하면 마호메트의 관도 공중에 띄울 수 있을지도 모른다.

마지막으로 이와 같은 종류의 현상은 운동하는 물체에 대해서라면(배척력이 아니라) 인력을 이용하면서도 얻을 수 있는 것이다.

물리학자인 B. P. 웨인베르그 교수가 창안한 무마찰 전자석철도의 설계(그림4-9)는 앞에서 공부했던 착상에 근거를 두고 있다. 물리학에 흥미를 가지고 모든 사람들이 알아두는 것이 유익할 수 있을 만큼 교훈적인 것이다.

자석을 이용하는 교통수단은 어떻게 되어 있는가?

B. P. 웨인베르그 교수가 제안한 철도의 객실은 전혀 '무게가 없는 것'으로 되어있다.

이 제안에 의하면, 객실은 '레일' 위로 따라가는 것도 아니라는 것이다. 즉 그것은 아무 것과도 접촉되지 않으면서 보이지 않는 강력한 자력선의 실에 매달려 지지물도 없이 자체의 거대한 속도를 그대로 보존하게 된다.

이러한 철도는 다음과 같이 실현된다.

객실은 공기를 뽑아낸 구리로 만든 관 속에서 움직인다. 이것은 공기의 저항이 객실의 운동을 방해하지 못하게 하기 위해서이다. 객실은 전자석의 힘에 의하여 진공 속에 매달려서 관벽에 접촉되지 않으면서 움직이기 때문에 밑바닥에도 마찰이 없다.

이렇게 하기 위해서 교통로 전체에 매우 강력한 전자석들을 일정한 간격을 두고 관 위에 설치한다. 이 전자석들은 관 속에서 운동하는 철로 만든 객실을 잡아 끌면서 밑바닥에 떨어지지 못하게 한다.

전자석의 세기는 구리관 속을 지나가는 철로 객실이 천장과 바닥에도 닿지 않고, 항상 그 사이에 머무르도록 조절하게 되어 있다. 전자석은 그 밑을 지나가는 객실을 위로 잡아당긴다. 그러나 중력이 필연적으로 동반하기 때문에 객실이 천장에 부딪치는 일은 없다. 객실이 거의 바닥에 닿게 될 때에는 그 다음에 있는 전자석이 인력에 의하여 객실을 올려준다.

이리하여 전자석에 포착되어 있는 객실은 진공 속에서 파동모양의 곡선에 따라 마찰도 없고, 충격도 없이 마치 우주 공간에서의 행성과도 같이 달아난다.

그렇다면 객실은 도대체 어떤 모양으로 되어 있는가? 그것은 양끝이 뾰족한 모양으로 된 원통이고, 그의 높이는 90m이며, 길이는 2.5m이다. 물론 객실은 잠수함과 같이 자동공기정화장치가 설치되어 있다.

객실을 출발시키는 방법도 지금까지 적용되어 오던 방법과는 매우 다르다. 그것은 포사격과 비슷한 점이 있다. 사실 이 객실을 문자 그대로 포탄처럼 사격하는 것인데, 다만 다른 것은 여기에서 쓰는 포는 전자석포라는 것뿐이다.

시발역에 있는 장치는 도선처럼 관모양으로 감아 놓은 코일(솔레노이드)의 성질(코일에 전류가 통할 때에 철심이 속으로 잡아끄는 성질)에 기초하고 있다. 이때에 흡인력은 솔레노이드의 길이와 전류의 세기가 충분히 큰 경우에는 철심에서 거대한 속도를 얻을 수 있을 만큼 빠르다. 바로 이 힘이 전자석 철도에 있어서 객실을 쏘아보내게 될 것이다.

구리관 속에서는 마찰이 없으므로 객실의 속도는 감소되지 않으며, 도착역의 솔레노이드가 객실을 붙잡을 때까지는 관성에 의하여 일정한 속도로 달아난다.

제안자의 말을 좀더 상세히 들어보기로 하자.

"1911~1913년 동안에 내가 수행한 실험은 구리관(직경 32cm)을 사용하여 그 위에 전자석들을 배치하고 그 전자석 아래에는 객실 대신에 앞뒤에 바퀴를 달고, 앞머리에는 '코'를 단 철관토막을 놓아서 진행하였다. 이 철관을 접지시키기 위해서 모래주머니에 의지하여 놓은 판대기에 철관의 '코'를 충돌시켜서 멈추게 하였다. 이 객실모형의 무게는 10kg이었다. 객실모형에 약 6km/시의 속도를 줄 수 있었다. 방 안의 넓이가 제한되어 있고, 관이 반지모양(반지의 직경은 6.5m였다)인 경우에는 그 이상의 속도는 내지 못하였다.

그러나 내가 작성한 설계에 있어서는 시발역의 솔레노이드의 길이가 약 3km인 경우에는 800~1,000km/시의 속도까지는 쉽게 도달할 수 있는 것이다. 또한, 관 속에는 공기가 없고 천정과 마루에 대한 마찰도 없으므로 그 속도를 유지하기 위한 아무런 에너지도 소비할 필요는 없는 것이다.

특히 구리관의 시설비가 거대하지만 속도를 유지하는 데 동력을 소비할 필요가 없으며 기관사와 차장도 필요가 없으므로 수송비는 1km에 수천 분의 1~수백 분의 1~2원 정도면 충분할 것이다. 그리고 복선철도를 사용할 때의 수송능력은 하루 동안에 한쪽 방향에 대해서 15,000명의 사람 혹은 10,000톤의 짐에 달한다."

자력을 이용하는 무기는 없을까?

고대 로마의 자연과학자인 풀리니는 그 당시에 유포되었던 이야기를 이렇게 전하고 있다.

철로된 것은 무엇이든지 끌어당긴다고 하는 인도의 어느 바닷가에 솟아 있는 자석바위에 관한 이야기인데, 배를 타고 그 바위절벽으로 가까이 가는 배는 모두 큰 재난을 당하게 된다. 자석바위는 배에서 못이나, 나사나, 철장식을 모두 흡인해 버려서 배를 파괴시킨다는 내용이다.

지금 우리는 자석산(자철광이 풍부한 산)을 실제로 알고 있다. 그러나 이러한 자석산의 흡인력은 지극히 약해서 거의 무시할 수가 있을 정도다. 배를 파괴시키는 그러한 자석산이나 바위는 지구상의 어느 곳에도 실제로 존재하지 않는다.

만일 현대에 있어서도 철이나 강철 부분을 사용하지 않는 선박이 건조된다면, 그것은 자석바위가 무서워서 그런 것이 아니라 지구 자기를 연구할 때에 편의를 도모하기 위하여 특별히 그렇게 한다. 그의 모든 장식품(못,나사, 볼트 등)이나 발동기, 닻에 있어서 강철과 철은 청동이나 알루미늄 또는 자력의 영향을 받지 않는 금속들로 대치될 것이다.

어떤 과학소설가는 자신의 소설에서 화성에서 온 낯선 우주인들이 지구의 군대와 전투를 할 때에 쓰는 청천벽력과 같은 무서운 무기를 사용하였는데 그것은 자석무기(정확히 말하면 전기자석무기)였다. 자석무기로 화성인들은 돌격이나 결전을 하기도 전에 이미 지구의 사람들을 무장해제시키고 만다는 것이다.

화성인과 지구인이 전쟁하는 에피소드를 이 소설가는 어떻게 서술하고 있는지를 알아보자.

"위풍당당한 지구 전사들의 대열이 파죽지세로 돌진하였다. 이때 화성인의 비행선들 사이에서 새로운 동요가 일어난 것으로 보아 지구인들의 결사적인 행동은 드디어 강력한 원수들(화성인들)에게 퇴각을 강요하는 것처럼 보였다. 화성인들의 비행선은 마치 돌진하는 지구 전사들에게 길을 내주려고 하는 듯이 공중으로 떠 올랐다.

그런데 이와 동시에 공중으로부터는 갑자기 들판 위에 나타난 무엇인지 넓게 퍼진 검은 물건이 내려왔다. 바람에 나부끼는 보자기와도 흡사하게 이 괴상한 물건은 비행선들이 있는 곳곳에서부터 들판 위에 급속히 펼쳐졌다. 전사들의 첫 대열이 그 이상한 물건의 작용범위 속에 빠져서 우왕좌왕 하고 있을 때 그 기계는 나머지 전체 부대 위에 펼쳐졌다.

그 보자기 같은 물건의 작용은 예상도 하지 못할 만큼 무서운 것이었다. 들판으로부터는 공포에 질린 아우성이 울려퍼졌다. 말도 사람도 등을 구부리며 땅 위에 딩굴었고, 공중에서는 요란한 소리를 내면서 그 괴상한 물건 쪽으로 날아 올라가서 들러붙기도 하는 창, 칼, 총들이 구름과 같이 가득 찼다.

괴상한 기계는 옆으로 슬슬 미끄러져 나아가면서 자기가 집어먹은 무쇠의 음식을 땅 위에 뱉어버렸다. 이 기계는 그 후에는 두 번이나 다시 돌아와서 들판에 있는 모든 무기들을 문자 그대로 집어치우고 말았다. 용감하게 칼이나 창을 빼앗기지 않을려고 견뎌낸 사람은 하나도 없었다.

이 기계는 화성인들의 새로운 발명품이었다. 이 기계는 그 무엇으로도 이겨내지 못할 힘처럼 철과 강철로 만든 모든 것을 끌어당기는 것이었다. 공중에 매단 이 자석에 의하여 화성인들은 지구의 적들에게 아무런 상처도 주지 않고 그들의 팔에서부터 무기를 빼앗아

버리고 말았다. 공중의 자석은 계속해서 움직이면서 전사들에게로 접근하였다. 전사들은 자신들의 총을 빼앗기지 않을려고 두 팔로 붙잡고 갖은 애를 써보았지만 아무런 소용이 없었다. 극복할 수 없는 힘은 총들을 다 빼앗아 가고 말았다. 그래도 총들을 놓지 않고 붙들고 있던 많은 전사들은 그들 자신이 공중으로 들려 올라가고 말았다.

몇 분 사이에 첫 부대는 무장해제를 당해 버렸다. 기계는 거리에서 행진하는 포병부대를 추격해서 그들에게도 동일한 운명을 주었다. 포병들도 같은 운명에 빠졌다."

시계는 어떤 방법으로 자력을 막아내는가?

위에서 인용한 소설의 한 토막을 읽을 때 혹시나 자력의 작용을 막아낼 수는 없을까? 자력을 통과시키지 않는 어떤 방해물에 의하여 자력의 영향을 피할 수는 없을까 하는 의문이 생기는 것은 아주 자연스러운 일이라고 하겠다.

이것은 완전히 가능한 일이다. 만일 미리 적당한 방책을 강구한다면 화성인의 공상적인 발명을 무효로 만들 수도 있을 것이다. 이상하다고 생각할지는 몰라도 자력을 투과시키지 않는 물질은 그처럼 쉽게 자화되던 바로 그 철이다. 철로 만든 틀 안에서는 나침반의 바늘이 그 틀 밖에 놓은 자석에 의해서 기울어지지는 않는다.

그림 4-10 자석 위에 놓인 회중시계

회중시계를 철로 만든 갑에 넣으면 시계의 강철로 된 기계부분을 자력의 작용으로부터 보호할 수 있다. 가령 금이나 은케이스를 가진 시계를 힘이 센 말굽자석의 극 위에 놓아 두면 기계의 모든 강철 부분 중에서 우선 가느다란 유사는 먼저 자화될 것이므로 시계는 멈추게 된다.[4]

이때 자석을 제거한다고 할지라도 이미 그 시계를 예전의 상태로 돌려놓을 수는 없다. 시계의 강철 부분이 자화된 채로 남아 있기 때문에 많은 부품들을 새 것으로 바꾸고 근본적으로 수리를 해야만 한다. 따라서 금시계를 가지고 이러한 실험을 해서는 안 된다. 이 실험은 비용이 너무나 많이 드는 실험이다.

이와 반대로, 기계를 철이나 강철껍질로 둘러싼 시계를 가지고서는 아주 대담하게 이 실험을 진행할 수 있다. 자력은 철이나 강철을

꿰뚫고 시계 속으로는 들어가지 못한다.

　이러한 시계를 강력한 발전기의 코일 가까이에 가져가 보아라. 시계의 진도는 조금도 손상되지 않는다. 따라서 금시계와 은시계는 자석의 작용에 의해서 곧 못쓰게 되는 만큼 전기기술자들에게는 철 껍질을 씌운 시계가 좋다.

자석을 이용하는 영구기관은 가능한가?

　영구기관을 발명하려는 역사적인 과정에서 자석이 적지 않은 충동과 유혹을 주었다. 여러 가지 방법을 고안해 보았으나 번번이 실패했던 발명가들은 그래도 내부의 힘으로써 영원히 운동하는 종류의 영구기관을 만들기 위하여 자석을 이용하려는 노력을 기울여왔다. 여기에 그러한 장치들 중에서 하나를 소개한다.

　그림4-11에서와 같이 기둥 위에 강력한 자석 A를 놓는다. 그 기둥에는 두 개의 미끄럼판을 놓는데 하나는 다른 것의 아래에 놓는다. 위의 판 M에는 그 상부에 그리 크지 않은 구멍 C가 있고, 아래판은 아래로 휘어졌다.

　발명가는 다음과 같이 논의하고 있다.

　"만일 위의 판에 그리 크지 않은 철로 된 공 B를 놓는다면 그 공은 자석공 A의 인력에 의해서 위로 굴러 올라갈 것이다. 그러나 구멍에까지 올라가면 그것은 아래판 N으로 떨어진 후에 거기에 따라

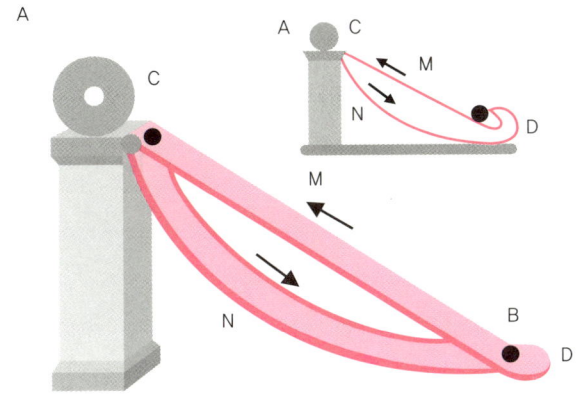

그림 4-11 공상적 영구기관

아래로 굴러 내려갈 것이고, 아래판의 구부러진 부분 D에 따라 굴러가서 또다시 위의 판 M 위에 떨어질 것이다. 여기서부터 자석에 의하여 끌리는 철공은 다시 위로 굴러 올라가서 다시 구멍으로 떨어지고, 또 한번 아래로 굴러내린다. 이렇게 공은 끊임없이 앞뒤로 굴러갔다가 올라갔다가 하면서 '영원한 운동'이 되는 것이다"

그렇다면 이 발명에서 불합리한 점은 어디에 있는가? 그것을 지적하는 것은 그리 어렵지가 않다. 왜 발명가는 판 N에 따라 마지막 끝까지 굴러 내려온 공이 구부러진 부분 D를 따라 위로 올라가기에 충분한 속도를 가지고 있다고 생각했을까?

만일 공이 오직 중력 하나만의 영향 밑에서 굴러 내려온다면 그것은 가속적으로 구를 것이다. 그러나 이 경우에 있어서는 공은 두 개의 힘(중력과 자기적인 인력)의 영향 밑에 놓여 있는 것이다. 더구나 자기적인 인력은 그것이 공을 B로부터 C의 위치까지 끌어올릴 수 있을 만큼 센 것이다.

그러므로 판 N에 따라 공은 가속적이 아니라 감속적으로 굴러내리고, 만일 아래 끝에 도달한다면 어떤 경우에 있어서든지 공이 구부러진 부분 D에 따라 올라가기에 필요한 만큼 속도를 가지지는 못한다.

이상과 같은 고안은 그 후에도 여러 가지로 형태를 바꾸어서 몇 번씩이나 출현하였다. 이상한 일이지만 독일에서는 1878년에 에너지보존의 법칙이 공포된 지 30년이나 지난 그때에도 그러한 고안 중에서 하나가 특허를 받기까지 하였다. 발명가는 그의 영구자석기관의 엉터리 같은 기본이론을 교묘하게 은폐하여 기술위원들로 하여금 특출한 발명으로 오인하게끔 하였다.

또한 법령에 의하면 어떤 발명이든지 그의 기본이론이 자연법칙에 모순되는 경우에는 특허권을 줄 수 없는 것임에도 불구하고 이것 하나에만은 형식적으로 특허권이 부여되었다.

영구기관에 대한 발명에 있어서 오직 하나뿐이던 이 특허를 받은 행복한 발명가는 곧 낙담하고 말았다. 왜냐하면 그 후 2년이 지나자 이미 이 특허에 대한 권한은 취소되었고, 이 기묘한 특허는 법적 효력을 상실하였다.

이 발명은 특허권 소유자의 개인 소유가 아니라 모든 사람들의 소유로 바뀌었으며, 이러한 소유는 누구에게도 필요가 없는 재산이었다.

딱 들어붙은 종이는 어떻게 떼는가?

박물관에서 여러 가지의 실제적인 작업에 있어서 흔히 고대의 서적(옛날의 책들은 현재의 책이나 노트 같은 것이 아니었고, 얇은 백지나 양피지에 필한 것을 둘둘 말아서 두루마리의 형태로써 보존하였던 것이다.)을 연구해야 할 필요가 있다. 고대의 서적은 너무나 헐어서 종이들이 서로 들어붙어서 한 장, 한 장을 아무리 조심하여 뜯어내려고 해도 부스러져 버리거나 찢어져 버리고 만다.

그렇다면 이러한 종이들은 어떻게 분리해야 하는가? 하는 이러한 문제가 발생한다. 이 문제는 전기의 도움으로 해결이 가능해진다. 즉 책을 대전시키는 방법이다. 동종의 전하를 가지고 대전된 인접한 종이들은 서로서로가 배척을 하기 때문에 손상없이 아주 깨끗하게 분리되어 진다.

단단히 들어붙은 종이들이 이와 같이 서로 떨어진 후에는 경험있는 사람들이 그것을 풀어 펼쳐서 두꺼운 다른 종이에 풀로 붙이는데 이것은 비교적 어렵지 않은 일이다.

한층 더 공상적인 영구기관에는 어떤 것이 있는가?

영구기관을 개발하는 발명가들 사이에서는 근년에 발전기와 전동기를 연결하자는 착안이 인기를 끌고 있다. 이러한 고안들이 매년 십 여개 이상이나 제출된다고 한다.

결국 발명가들은 모두 다음과 같은 착상에 귀결된다.

전동기와 발전기의 활차를 피대로 연결하고 발전기로부터 나온 전깃줄을 전동기에 연결한다는 것이다. 이렇게 해놓고 시초에 발전기를 돌려준다면 거기에서 발생되는 전류는 전동기로 흘러 들어가서 그 전동기는 돌게 되고 발전기를 작업하게 한다. 이리하여 계속적으로 한 기계가 다른 기계를 돌려주게 되어, 두 기계에 고장이 생긴다거나 못쓰게 되기 전에는 언제나 운동을 계속할 것이라고 발명가들은 생각하고 있는 것이다.

이러한 사고가 발명가들에게는 대단히 매혹을 주는 모양이다. 그러나 이것을 실제로 실현시키려고 한 발명가가 있었다면 그는 두 기계의 어느 하나(발전기나 전동기)도 이러한 조건에서는 움직이지 않는다는 사실에 놀라게 될 것이며, 자신의 발명에 대한 실패를 확인하게 될 것이다.

이러한 착안에서는 그보다 다른 어떤 결과도 기대할 수는 없다. 발전기나 전동기 모두 100%의 효율을 가졌다고 가정을 할지라도 저항이 전혀 없는 경우가 아닌 이상에는 계속적인 운동을 시킬 수는 없다. 이러한 기계들의 연결은 그 본질에 있어서는 스스로 혼자서 운동하는 한 개의 기계에 불과한 것이다. 마찰이 없는 경우라면 기계들의 연결은(활차바퀴도 그렇지만) 영원히 운동할 수도 있을 것이다.

그러나 이러한 운동에 의해서는 아무 것도 얻어낼 수가 없다. 왜냐하면 이 기관으로 하여금 외부에 대해서 일을 시킨다면 잠시 동안에 멈추고 만다.

모든 것이 이상적인 경우에는 우리는 영구한 운동을 보게 될지도 모른다. 그러나 영구기관이란 애석하게도 공상에 불과하다. 기계에 마찰이 있는 경우라면 기관은 이미 전혀 움직이지 못한다.

이상한 일은 이러한 공상에 젖어 있는 사람들이 왜 다음과 같은 매우 간단한 실현 방법을 알고 있지 못하는가 하는 것이다. 즉 어떤 두 개의 활차를 피대로 연결하고 어느 하나를 돌려주는 경우를 생각해 보자.

발전기와 전동기의 연결에서와 같은 논법에 의하면 처음의 활차는 두 번째 활차를 돌려주고, 두 번째 활차에 의해서 처음의 활차가 돌아가리라는 것을 기대할 수 있다. 그런데 이것은 두 개의 활차 대신에 한 개의 활차바퀴로도 충분하다. 활차를 돌려주자 바퀴의 오른쪽 부분은 왼쪽 부분의 운동을 보장한다.

마지막의 두 경우에 있어서는 그 불합리성은 너무나도 명백하다. 따라서 이러한 고안은 아무도 내놓지 않는다. 그런데 사실에 있어서 이상 서술한 세 개의 영구기관은 전부가 다 동일한 오해로부터 출발하고 있다.

준영구기관에는 어떤 것이 있는가?

수학자들에게는 '준영구운동'이라는 것은 아무런 흥미도 없다.

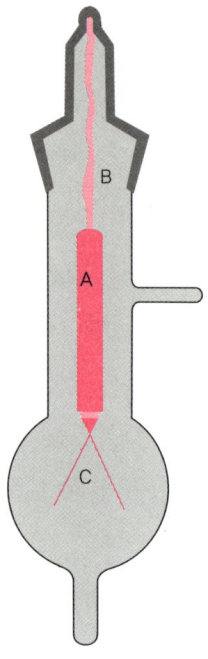

그림 4-12 거의 '영구적인 태엽'을 가지는 라듐 시계

　운동은 영구적인 것과 비영구적인 것(일시적인 것)의 두 가지밖에는 있을 수 없다. 준영구적이나 거의 영구적인 운동은 결국에는 본질에 있어서 일시적인 운동을 말하는 것이다.
　그러나 실제생활에 있어서는 이것이 그렇게 되지는 않는다. 아마도 수많은 사람들은 완전한 영구기관이 아니더라도, 100년 정도라도 움직일 수 있는 거의 영구적인 기관을 가지게 된다고 하더라도 충분한 만족을 느낄 것이다.

인간의 생명은 짧은 것이며, 인간에게 있어서는 100년도 영구와 동일하다고 말할 수 있다. 따라서 실무적인 성격을 가진 사람들은 이러한 기계만 있다면 확실히 영구기관의 문제는 해결되었다고 단정하여 버리고 말 것이다.

100년 정도는 저절로 움직이는 기관이 지금 발명되었다고 보도한다면 사람들은 대단히 기뻐할 것이다. 사실상 값이 좀 비싸기는 하지만 이러한 영구기관과 비슷한 기관을 개인마다 가질 수도 있다. 아무도 이 발명에 대한 특허를 가진 사람이 없으므로 그것은 더 이상의 비밀이 아니다.

1903년에 안출된 보통 '라듐 시계'라고 부르는 기구는 그 구조가 매우 간단하다(그림4-12).

공기를 뽑아낸 유리종 속에 석영으로 만든 실 B에(석영은 전기를 통과시키지 않는다.) 수천 분의 1g 정도의 라듐염을 봉입한 유리관 A가 매달려 있다. 유리관 끝에는 검전기에 있는 것과 비슷한 두 개의 금박이 달려 있다.

라듐은 3종류의 방사선(알파선, 베타선 및 감마선)을 방출한다. 이 경우에 유리를 쉽게 투과하는 베타선이 기본적인 역할을 하는데, 이 선은 음전기의 전하를 가진 입자(전자)의 흐름이다. 라듐에서 사방으로 방출하는 입자들은 마이너스 전기량을 가지고 나가므로 라듐이 들어 있는 관 자체는 점차적으로 양전기로 대전된다.

이 양전기의 전하는 금박으로 이행해서 금박으로 하여금 벌어지게 한다. 벌어지면 금박은 유리종의 벽에 닿아서 여기에서 기체의 전기량을 잃고 다시 닫혀진다(금박이 유리벽에 닿는 자리에는 금속박이 붙어 있고, 그것을 거쳐서 금박의 전기량이 흘러나간다.). 다시 새로운 전기량이 축적되고 금박들은 또 벌어진다. 이리하여 금박은 또다시 자기의 전하를 벽에 넘겨주고, 박은 닫혀지며 그 다음의 대전을 가리킨다.

이와 같이 금박은 시계의 추와 같은 규칙성을 가지고 매 2~3분마다 한번의 진동을 수행한다. 이로부터 라듐 시계라는 이름이 나오게 되었다. 라듐의 방사선 방출이 계속되는 한 진동은 1년도, 10년도, 100년도 연장된다. 여러분은 물론 영구적인 것이 아니지만, 다만 운전비가 들지 않는 기관을 여기서 보게 된다.

라듐은 자신의 방사선을 얼마나 오랫동안 방출하는가? 1,600년이나 지나야 방사능이 절반으로 약해진다는 것이 확인되어 있다. 따라서 라듐 시계는 대전의 약화에 따라 그의 진동수는 감소되지만 1,000년 이상은 멈추지 않고 돌아간다.

이러한 운전비가 들지 않는 기관을 그 어떤 실천적인 목적에 이용할 수는 없을까?

유감스러운 일이지만 그렇게 될 수는 없다.

이 기관의 공률(그것이 1초 동안에 수행할 수 있는 일의 양)은 너무나도 미미해서 그것으로는 아무런 기계조차도 움직여낼 수 없을 정도다. 조금이라도 알아볼 수 있을 만한 결과에까지 이르기 위해서는 굉장히 많은 라듐을 가지고 있어야 할 것이다. 라듐은 몹시 희귀하고 값비싼 원소라는 것을 상기할 때 운전비가 들지 않는다고 해서 라듐 준영구기관을 사용한다면 파산을 당하고 말 것이다.

원자의 내부, 이른바 말하는 원자핵에는 거대한 에너지가 축적되어 있다. 이것을 이용하는 것에 관한 문제를 해결한다면 무궁무진한 에너지의 원천을 얻게 될 것이다. 이 문제는 현재 우리들의 눈 앞에서 해결되고 있다.

지구의 나이는 몇 살일까?

　방사성원소의 붕괴법칙에 관한 연구는 연구자들의 손에 지구의 연령을 계산하는 믿음직한 방법을 알려주었다.
　방사성 붕괴란 무엇인가? 이것은 한 원자로부터 다른 원자로의 자연적인 변환(외부의 원인에 의해서가 아니라, 자기 스스로 진행되는 변환)이다.
　여기에서 특이한 것은 어떠한 외부 작용의 영향도 이 변환을 좌우하지 못한다는 것이다. 온도나 압력 또는 기타 요인들의 증가나 감소에 의해서는 붕괴 과정의 속도에 작은 영향도 주지 못한다.[5]
　어떤 광물들 속에 포함되어 있는 우라늄과 토륨은 순차적으로 변환해 나아가는 방사성 원소들의 계열에서 가장 시초적인 원소이다. 이 변환들에서 최종 생성물들은 우라늄 계열에서는 우라늄납이고 토륨 계열에서는 토륨납이다.
　이 두 가지의 납은 보통의 납보다는 그 원자량에 있어서 조금씩 다르다. 보통 납의 원자는 수소 원자에 비해서 207배가 무거우나 우라늄납은 206배가, 토륨납은 208배가 무겁다. 그러므로 이 납들을 서로 구별하는 것은 완전히 가능한 일이다.

이러한 변환에서는 붕괴되는 원자들에 의한 알파선의 방출이 동반된다. 알파선이란 물질입자인데 대전된 헬륨 원자의 흐름이다. 헬륨은 비행선을 만드는 일에 있어서 대단히 중요한 역할을 하는 가벼운 기체다.

붕괴되는 원자로부터 헬륨이 튀어나올 때에는 1초 동안에 19,000km에까지 이르는 거대한 속도를 가지고 있다. 이들이 멈출 때에는 자기의 대전량을 상실하고 보통 헬륨의 형태로서 광물 중에 머물러 있다. 그렇기 때문에, 모든 방사성 광석들에는 헬륨이 존재하고 있다는 사실도 이것으로 설명된다.

이제 광물의 연령과 그 광물을 포함하고 있는 지층의 연령을 결정하는 방법의 본질을 쉽게 이해할 수 있을 것이다.

우리들은 이미 위에서 어떠한 원인도 방사성원소의 붕괴 과정의 전도에 영향을 줄 수 없다는 것을 지적하였다. 어떤 조건에서든지 같은 양의 원소들이 붕괴하기 시작하면 동일한 수의 원자가 매년 붕괴되어 간다.

1g의 우라늄이나 토륨으로부터 매년 일정한 양의 헬륨이 생성되는데 이 양은 물리학자들에 의하여 엄밀하게 측정되어 있다. 측정되어진 수치는, 1g의 우라늄이 1년 동안에 약 천만 분의 $1cm^2$의 헬륨을 산출한다.

다시 말하면, 매 1g의 우라늄에 대해서 1만년이 지나면 $1cm^2$의 헬륨이 광물에 집적된다. 방사성 물질은 자연을 연구함에 있어서 이 천연적인 시계의 진도는 이렇다.

방사성 광석의 분석은 그 중의 어떤 것에서는 1g의 우라늄에 대해서 50cm²에 달하는 헬륨을 가지고 있다는 것을 밝혀내었다. 이로부터 다음과 같은 결론이 나온다. 여기에서 우라늄의 붕괴는 50×10,000,000년, 즉 5억 년 이상이 지속되고 있다는 그것이다.

그런데 이 숫자도 상당히 축소된 것이다. 왜냐하면 수억 년이 지난 사이에 헬륨이 휘발하여 날아갈 수는 있지만 축적될 리는 만무한 까닭이다.

광석의 연령에 대한 이상과 같은 대략적인 계산은 광석에 축적되어 있는 우라늄납이나, 토륨납을 참작하는 다른 방법으로도 수정된다.

1g의 우라늄으로부터는 1년 동안 60억 분의 1g의 납이 형성된다. 따라서 광석에서 얻어낸 우라늄납의 g수를 60억 분의 1로 나누면 (거기에 60억을 곱하면) 우리들은 광석의 연령을 알게 된다.

이 방법은 위의 방법보다는 더 정확하다. 왜냐하면 납은 휘발하지 않는 까닭이다. 결과들은 토륨광의 분석에서 얻어지는 결과와 대비할 수 있다(토륨은 그의 붕괴가 우라늄보다 4배쯤 늦다.).

이 방법은 우리들에게 어떠한 사실을 알려주고 있는가? 그것에 의하면, 가장 오랜 고대의 캄브리아 기(紀) 이전의 퇴적(아직도 생물계의 흔적을 전혀 포함하고 있지 않는)에서 얻어낸 방사성 광석의 연령이 15억 년으로 추산되고 있다.

그러나 대양들의 밑바닥에 이러한 지층이 퇴적된 것으로 보아 물론 좀더 일찍이 생겨난 것이다. 그러므로 이 수는 대양 연령의 최소 한계가 된다. 지질학이 가르치는 바에 의하면, 대양의 형성기 이후의 기간이 지구 역사의 대부분을 차지하고 있다.

방사성 광석들의 분석은 지구는 어쨌든 15억 년 이상 존재하고 있었다는 것을 입증하고 있다.

이야기를 여기에서 멈추지 말고 더 나아갈 수도 있다. 매우 그럴 듯한 가정으로 지각의 바깥 부분에 축적되어 있는 모든 납은 우라늄과 토륨의 붕괴에 의하여 생긴 것이라고 가정을 한다면 지구 연령의 최고한계도 결정된다. 이때에 우리는 지각의 형성 이후 30억 년 이상의 세월이 흐르지는 않았다는 것을 알게 된다.

두 가지의 평가, 즉 최소 평가(15억 년)와 최대 평가(30억 년)를 대비해 보면 가장 믿음직한 지구의 연령으로서 약 20억 년을 얻게 된다.

전깃줄에 앉은 새들은 왜 감전되지 않을까?

전류가 통하고 있는 고압송전선에 다치는 것이 사람에게 얼마나 위험한 일인가를 모르는 사람들은 없다. 이러한 전선과의 접촉은 사람에 대해서만 치명적인 것이 아니라, 다른 큰 동물들에 대해서도 치명적인 것이다. 말이나 소가 끊어진 전선에 닿았을 때 전류에 의하여 죽어버리는 경우는 많이 알려져 있다.

그런데 새들은 아주 태연하게 전혀 아무일도 없이 전선에 앉는다. 이것은 무엇으로 설명해야 하는가? 이러한 풍경은 도시에서는

그림 4-13 새들은 아무일 없이 안전하게 도선에 앉는다. 어째서 그럴까?

흔히 목격하는 일이다.

고압전류가 새들에게는 해롭지 않다는 것을 이해하기 위해서 다음과 같은 것을 상기하자.

전선에 앉은 새의 몸을 하나의 분기회로처럼 생각할 수 있고, 그것의 저항은 다른 분기(새의 두 발 사이의 짧은 전선)보다 거대한 것이다. 따라서 이 분기(새의 몸)에서의 전류의 세기는 대단히 미미하여 새에 해독을 줄 정도가 되지 못하는 것이다.

그러나 새가 전선 위에 앉아서 움직이다가 만약에 날개나 꼬리 또는 주둥이를 전신주에 접촉하기만 한다면(일반적으로 말해서, 어떻게 되어서든지 땅과 연결만 된다면) 새의 몸에는 강한 전류가 흐르게 된다. 따라서 그 전류에 의하여 새는 순식간에 죽어 땅에 떨어지고 만다. 사실 이러한 예들은 흔히 볼 수 있다.

여러분들은 새들이 고압전신주의 팔에 앉아서 전류가 통하고 있는 전선에 주둥이를 문질러 닦는 것을 흔히 보았을 것이다. 그런데

그림 4-14 고압송전용 철탑 팔에 앉은 새들을 보호하기 위한 받침판

전신주의 팔은 땅과 절연되어 있지 않기 때문에 새는 접지되어 주둥이로 전류가 흐르게 되어 죽게 되는 것이다.

이러한 일이 자주 발생하였으므로 한때는 새들의 이러한 죽음을 방지하기 위하여 그림4-14에서와 같이 고압선의 팔에 절연된 받침판을 설치하여서 그 위에 새들이 앉을 수 있을 뿐만 아니라 마음놓고(물론, 새들이야 무엇이 무엇인지도 모르고 하겠지만) 전선에 주둥이를 닦을 수 있도록 했던 것이다.

그리고 어떤 경우에는 위험한 자리들은 새들이 접촉하지 못하다록 만들기도 하였다.

번개는 얼마나 짧은 시간에 사라지는가?

여러분은 컴컴한 밤에 뇌우가 심할 때에 번갯불이 짧은 시간 동안에 비추어서 거리의 풍경이 환히 보이는 것을 경험한 일이 있는가? 경험한 일이 있다면 그때 여러분은 하나의 신기한 사실에 주목하였을 것이다. 모든 것이 활발히 움직이고 있던 거리에 한순간 갑자기 꼼짝하지도 않고 있는 것처럼 순간적이나마 완전한 정지가 이루어진 것처럼 느껴졌을 것이다.

말들은 발을 허공에 추켜들고 전신에 힘을 들인 채로 멈추어 있으며 마차도 또한 움직이지 않는다. 마차 바퀴의 살 하나하나가 똑똑하게 보인다.

이렇게 움직이지 않는 것처럼 보이는 이유는 번갯불이 비치는 시간이 지극히 짧다는 점에 있다. 다른 모든 전기 불꽃들도 그러하거니와 번개도 그의 지속 시간은 현저하게 짧다. 번개의 지속 시간은 보통의 방법으로는 측정할 수 없을 만큼 짧다. 그러나 간접적인 방법을 사용하여 그것을 측정한 결과를 보면 번개의 지속 시간은 만 분의 1초보다도 짧다. 어떤 경우에도 천 분의 1초를 넘어가지 못한다는 것이 확실히 알려져 있다.

번갯불이 비쳐지는 시간이 이 정도로 짧기 때문에 그 사이에 운동하는 사물들을 움직임의 상태를 눈으로 알아보기에는 너무나 힘든 일이다. 따라서 여러 가지의 운동이 진행되고 있는 거리를 번갯불로 비쳐볼 때에는 전혀 움직이지 않는 것처럼 보인다는 것은 놀랄 일이 아니다.

빨리 달아나는 자동차 바퀴의 살도 이 짧은 시간 동안에는 아주 조금밖에는(1mm의 몇십 분의 1, 몇백 분의 1) 움직이지 못한다. 이 정도로 움직이는 것을 눈으로 볼 때 그것은 움직이지 않는 것처럼 보이는 것은 매우 당연한 일이다.

이러한 인상은 눈에 대한 시각적인 자극이 번개의 지속 시간보다도 현저하게 오랫동안 남아 있다는 것으로도 더욱 확실하게 알 수 있는 것이다. 이 관계는 앞에서 광학문제를 다루었을 때 아주 자세하게 취급하였다.

번개의 에너지는 얼마나 될까?

번개의 방전에 소요되는 전기에너지를 한 번 계산해 보자.

최신의 자료에 의하면, 번개 방전의 전압은 10억V 정도라고 한다. 이때 전류의 세기는 20,000A 정도로 평가되고 있다(이야기가 나온 김에 언급하지만, 이때의 전류는 다음과 같이 결정한다. 피뢰침으로부터 땅으로 내려가는 도선 가운데에 코일을 설치하고, 그 속에 강철로 된 철심을 넣는다. 그리하여 피뢰침에 벼락이 떨어질 때의 그 강철심의 자화 정도로써 그때 흐르는 전류를 결정한다.).

볼트(V)의 수에 암페어(A)의 수치를 곱하면 와트(W) 단위로서의 전력의 크기를 얻는다. 물론 이때에는 방전이 진행되는 동안에 전압이 0까지 내려간다는 것을 고려해야만 한다. 따라서 방전의 에너지를 계산할 때에는 평균전압(초기전압)의 절반을 취해야 한다.

$$방전의 전력 = \frac{1000000000 \times 20000}{2}$$

10,000,000,000,000 와트, 다시 말해서 100억KW로 된다. 0이 13개나 붙은 숫자를 얻었으므로, 번개 값을 돈으로 환산하면 거대한 것이 되리라고 예상하는 것은 당연한 일이다.

그러나 헥트와트-시 단위(전등 가격의 계산에 쓰는 단위)로서 에너지를 계산하면 그렇게 큰 값이 되지는 않는다. 그 이유는 번개가 천 분의 1초 정도의 대단히 짧은 시간 동안밖에 계속되지 않기 때문이다.

이러한 짧은 시간 동안에

$$\frac{100000000000}{3600000} ≒ 27,800 \text{ 헥트와트-시 라는 에너지가 방출}$$

된다.

현대의 전기기술은 번개를 재생시킬 가능성에까지 접근하고 있다는 사실은 매우 흥미 있는 일이다.

이미 지금은 1,000만V라는 전압을 얻을 수 있으며, 10m의 길이를 가지는 불꽃을 얻고 있다.

그러나 이것도 천연적인 번개와 비교하여 볼 때에는 아직도 번개의 몇백 분의 1밖에는 되지 못한다.

그림 4-15 극히 작은 소나기

소나기의 물방울은 왜 굵은가?

이에 대한 해답을 얻기 위해서는 우선 다음과 같은 실험을 해보아야 한다.

높이 매단 물통에 고무관의 한쪽 끝을 잠그거나 수도관에 끼우면 방 안에서도 작은 분수를 쉽게 만들 수가 있다. 고무관의 다른 구멍에서 나오는 물줄기가 가느다란 분수로 뿜게 하기 위해서는 그 구멍을 대단히 가늘게 만들어야 한다.

이것은 심을 뽑아낸 연필토막을 고무관에 끼우면 간단히 된다. 고무관의 끝을 그림4-15에서처럼 거꾸로 놓은 깔때기를 끼워서 고정하면 편리하다.

이 분수로 하여금 약 반 리터의 높이까지 물을 뿜게 하고 그 물줄

그림 4-16 대전된 빗을 가까이 가져 가면 물줄기가 구부러진다.

기를 연직방향 위로 향하게 한 다음 그 물줄기 가까이에 나사천에 문지른 에보나이트 빗을 가져가 보아라. 여러분은 곧 매우 이상한 사실을 보게 될 것이다. 갈래갈래 흩어져서 떨어지던 물줄기가 하나의 물줄기로 합해져서 상당히 큰소리를 내면서 그릇바닥을 때리게 된다. 이 소리는 소나기의 그 특징적인 소리를 연상시킨다.

이에 관해서 물리학자 보이스는 이렇게 지적하고 있다.

"바로 이러한 원인 때문에 소나기의 빗방울이 그처럼 커지는 것이다. 이것은 의심할 바가 없다."

빗을 치워보아라. 분수는 곧 또다시 펼쳐지며, 그 특징적인 소나기의 소리는 갈래갈래로 흩어진 물줄기의 연한 소리로 바꾸어진다.

분수에 대한 전하의 작용은 다음과 같은 것에 기초하고 있다.

흩어진 물줄기들이 전하의 영향을 받아서 대전되는데 이때 빗쪽에 있는 물줄기는 (+)로 대전되고, 반대쪽 물줄기는 (−)로 대전된다. 그러므로 부호가 다른 전기를 가진 물줄기들은 서로 가깝게 접근하여 서로 끌어당기면서 물줄기를 하나로 합쳐 버린다.

물줄기에 대한 전기의 작용은 다른 방법으로 더 간단하게 알아볼 수도 있다.

수도관에서 흘러나오는 가느다란 물줄기에 머리를 빗던 에보나이트 빗을 가까이 가져가 보면 충분하다. 그러면 그림4−16과 같이 물줄기가 빗 쪽으로 몹시 구부러진다.

이 현상에 대한 설명은 위에서 언급했던 예보다는 약간 복잡하다. 이것은 전하의 작용에서 물의 표면장력이 변화하는 현상과 관련되어 있다.

다른 부류에 속하는 예이지만 동력을 전달하는 피대가 대전되는 현상도 피대가 바퀴와의 마찰시에 쉽게 대전된다는 성질로써 설명되는 것이다.

이때 대전된 피대에서 튀는 전기불꽃은 때로는(어떤 특수한 생산과정에서는) 화재를 일으킬 수도 있으므로 대단히 위험한 현상이다.

이러한 화재를 피하기 위하여(화재의 위험이 있는 곳에서는) 피대를 은으로 도금까지도 한다. 그러면 얇은 층은 피대를 전기적 도체로 만들어서 거기에 전하가 축적되는 일이 없게 한다.

주

1) 만일 우리들에게 자력을 직접 감각하는 기관이 있다면 우리는 무엇을 경험하겠는가를 상상하는 것도 또한 흥미있는 일이다. 크레이들리는 왕새우에다가 자력에 대한 감각기관의 일종이라고 말할 수 있는 것을 붙여주는 데 성공하였다. 그는 어린 왕새우가 자기의 귓속에 작은 모래알을 집어넣는 것을 보았던 것이다. 이 모래알은 그의 무게에 의하여 왕새우의 평형기관의 구성부분인 감각섬모에 작용하는 것이다. 사람의 귓속에도 청각의 기관 가까이에 이러한 알이 있는데 그 알은 연직방향으로 작용하면서 중력의 방향을 가리키는 것이다. 크레이들리는 왕새우에다가 모래알 대신에 철부스러기를 집어넣었다. 물론 왕새우는 그것이 철인지 모래인지 알 도리도 없었다. 다음에 자석을 왕새우 가까이로 가져갔을 때 왕새우는 자력과 중력의 합력에 수직되는 면 내에 몸을 배치하였다. 그리고 이러한 실험을 조금 다른 형태로서 사람에게도 수행할 수 있었다. 조그마한 철알맹이를 고막에 끼우면 귀는 자력의 진동을 소리와 같이 감각한다.

2) 이것은 전자석의 힘이 거대하다는 것을 가리키고 있다. 그러나 자석의 흡인작용은 극과 물체 사이의 거리의 증가에 따라 뚜렷하게 약해진다. 수백 g의 짐을 직접 달라붙게 하는 말굽자석도 만약에 그 짐과 자석의 극 사이에 종이 한장을 끼워 놓아도 그것이 끌어올리는 힘은 절반으로 약해지는 것이다. 자석의 끝에는 도료를 칠하지 않는다. 칠을 하면 녹이 쓰는 것을 방지할 수 있음에도 불구하고 그렇게 하지 않은 것도 바로 위에서 말한 바와 같은 이유가 있기 때문이다. 그리하여 우리는 마치 마호메트의 관처럼 공중에 매달린 사람을 보게 되었다.

3) 이 수기는 전기자석이 아직 알려지지 않았던 시대인 1744년에 서술된 것이다.

4) 시계의 부속품이 인바라는 특수한 합금으로 되어 있다면 멈추지는 않는다. 이 금속은 그 성분에 철분이 포함되지만 자화되지 는않는다.

5) 붕괴 속도에 영향을 주기 위해서는 수백억 도의 고온이 필요할 것이다.

제5장 소리와 파동

¤ 소리와 파동

누가 먼저 들을까?

소리(가령 사람의 노랫소리, 종소리, 비행기 소리)는 대략 빛보다 백만분의 1 정도의 늦은 속도로 전파된다. 그런데 무선파의 속도는 빛의 속도와 같기 때문에 결국 소리는 무선신호에 비해 속도가 백만분의 1 정도로 늦다.

여기에서 재미있는 결론이 나오게 되는데 소리의 본질을 다음과 같은 문제에서 밝혀 보자.

피아니스트의 첫 화음을 누가 먼저 들을까? 피아노에서 10m쯤 떨어진 곳에 앉아서 직접 그 소리를 듣는 사람일까, 그렇지 않으면 피아노에서 100km쯤 떨어진 자기 집에서 라디오를 통하여 듣는 사람일까?

이상한 일이지만, 라디오를 듣는 사람이 음악실에서 직접 듣는 사람에 비하여 악기로부터 10,000배나 멀리 떨어져 있음에도 불구하고 먼저 화음을 듣게 된다.

사실 무선파는 100km의 거리를

$$\frac{100}{300,000} = \frac{1}{3000} \text{ 초}$$

동안에 달린다.

그런데 소리는 10m의 거리를

$$\frac{10}{340} = \frac{1}{34} \text{ 초}$$

동안에 지난다.

여기에서 보는 바와 같이, 라디오에 의한 전달은 공기를 통하여 직접 전달되는 소리에 비해서 거의 100분의 1이라는 짧은 시간이 걸리게 된다.

소리가 빠를까, 탄환이 빠를까?

포탄 속에 앉아서 달나라를 향하여 날아가던 승객들이 자신들을 발사한 대포에서 나온 거대한 소리를 듣지 못하였다는 것은 매우 이상한 일이다.

그러나 그럴 수밖에 없다. 그 굉장한 소리가 아무리 귀청을 때릴 지경이라고 할지라도 그 소리의 전파속도는(일반적으로 모든 소리가 공기 중에서 가지는 속도와 같이) 매초에 340m일 뿐이었다.

그런데 포탄은 11km/초로 움직였다. 발사의 소리가 승객들의 귀에까지 도달하지 못했다는 것은 이해할 수 있을 것이다. 포탄은 소리보다 더 빨리 달아났기 때문이다.

그렇다면 이러한 환상적인 포탄이 아니라 구체적인 탄환에 대해서 문제는 어떻게 될까? 탄환이 소리보다 먼저 가겠는가, 그렇지 않으면 소리가 탄환보다 빨리 날아가서 탄환의 희생자에게 그를 부상시킬 탄환이 가까이 오고 있다는 것을 미리 알려주겠는가?

현대식 보총은 공기 중에서는 소리 속도의 3배에 가까운 매초 약 900m나 되는 속도로 탄알을 발사한다(0℃일 때 소리의 속도는 332m/초다.). 소리는 일정한 속도로 퍼지고 탄환은 자기의 비탄속도를 점차로 감소하면서 날아간다. 그러므로 탄환이 날아가는 탄도의 대부분을 통하여 소리보다 빨리 움직이는 것이다.

여기에서 바로 다음과 같은 결론이 나온다.

만일 여러분이 사격을 당하고 있을 때 발포의 소리 또는 탕하는 총소리를 들었다면 여러분은 더이상 겁낼 필요가 없다. 그 총알은 이미 여러분 곁을 스쳐 지나간 지 오래다. 왜냐하면 총알은 발사소리보다 빠르기 때문이다.

듣는 것에는 어떤 착각이 있을까?

날아가는 물체의 속도와 물체가 내는 소리의 속도에는 차이가 있

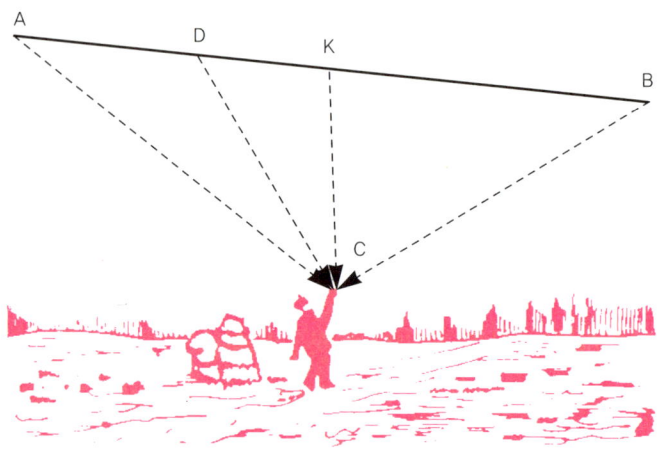

그림 5-1 거짓 폭발

기 때문에, 우리들은 흔히 자신도 모르게 그때 일어나는 현상에 대해서 그릇된 결론을 내리게 된다.

재미있는 예로서 우리의 머리 위를 날아가는 유성(공기 중을 지날 때 불타는 별)이 있다. 우주 공간으로부터 지구의 대기권으로 들어오는 유성은 이때 거대한 속도를 가지고 있는데, 그 속도가 대기의 저항으로 인하여 크게 감소는 되지만 소리의 속도보다는 수십 배나 빠르다. 유성은 공기층을 뚫고 지나갈 때 가열되면서 우뢰 소리와 같은 흡사한 소리를 낸다.

그림5-1에서와 같이 우리가 점 C에 있고, 직선 AB에 따라 유성이 날아간다고 생각하자.

유성이 점 A에서 내는 소리는 유성이 점 B로 이동한 후에야 우리에게(점 C) 도달된다. 유성은 소리보다 훨씬 빠르게 날아가기 때문에 유성이 어떤 점 D까지 도달해서 우리에게 소리를 전달하는 것이 점 A에서부터 우리에게 도달하는 소리보다 빠르게 우리에게 도달하게 된다. 따라서 우리는 처음에 점 D로부터 소리를 듣고 그 다음에야 비로소 점 A로부터의 소리를 듣게 된다.

그런데 점 B로부터 우리에게 오는 소리도 역시 점 D로부터 오는 소리보다 늦어지므로, 우리의 머리 위에는 유성이 우리에게 소리 신호를 가장 빨리 보내주는 그러한 점 K가 있게 된다.

유성 속도와 소리 속도의 크기 사이의 비가 주어진다면 수학을 즐기는 사람은 이러한 점의 위치를 계산할 수 있다.

결론은 이렇다. 우리가 듣는 것은 우리가 보는 것과는 전혀 비슷하지도 않다는 것이다. 눈에 대해서는 유성은 맨 처음에 점 A에 나타나고 여기서부터 직선 AB에 따라 날아간다.

그런데 귀에 대해서 유성이 맨 처음에 우리의 머리 위의 어떤 점 K에 나타나서 다음에는 반대되는 두 방향(K에서 A에로와, K에서 B에로의 방향)에 따라 점점 세기가 약해지는 두 가지의 소리를 동시에 듣게 된다. 즉 우리는 유성이 두 조각으로 갈라져서 그들이 서로 반대쪽으로 날아간 것과 같은 폭발소리를 듣게 된다.

그런데 사실은 아무런 폭발도 일어나지 않았다. 청각이 얼마나 착각을 주는가, 이 유성의 폭발에 대한 많은 증언들은 이러한 착각을 할 수 있다.

우리는 하늘에 높이 떠 날아가는 고속의 제트기에 대해서도 이와 어느 정도 유사한 청각의 착각을 일으킨다는 것을 경험으로 알고 있을 것이다.

만약에 소리가 지금보다도 늦게 전달된다면 어떠한 일이 생길까?

 만일에 소리가 공기 중에서 340m/초의 속도로 전파되지 않고 훨씬 늦게 전파된다고 가정한다면 청각의 착각은 빈번하게 일어날 것이다.

 가령 소리가 매초 340m의 속도로 전파되지 않고 340mm의 속도로 사람의 걸음걸이보다도 늦다고 생각해 보자.

 여러분이 의자에 앉아서 손님의 이야기를 듣고 있다. 그런데 손님이 앞에서 뒤로 방안을 거닐면서 말하는 습관이 있다. 이것이 보통의 경우에는 여러분이 손님의 말을 듣는데 아무런 방해도 되지 않는 것이다.

 그러나 소리의 속도가 느려졌다면 여러분은 손님의 말을 전혀 알아들을 수가 없다. 처음에 발음한 소리는 다음에 발음한 소리를 잡아채서 소리의 순서가 뒤바뀌어지고 전체 말의 의미가 서지 않는 웃음거리를 듣게 될 것이다.

 그래서 손님이 여러분에게 가까이 다가오는 그 순간에는 손님이 말하는 단어의 발음들이 반대의 순서로 여러분에게 들릴 것이다. 즉 이제 방금 발음한 소리가 맨 처음에 여러분에게 도달하고, 그 다음에는 그보다 먼저 발음된 소리가 도달되고…… 이렇게 점차 뒤바뀌고 만다. 이러한 조건에서 발음한 말들은 아무리 해도 이해할 수가 없을 것이다.

우리는 소리가 공기 중에서 매초 수백 미터씩 달린다는 것을 매우 다행스럽게 생각해야 한다. 그렇지 않고 소리의 전파속도가 매우 느렸다고 한다면 우리는 서로의 말을 알아듣지 못했을 것이다. 더구나 이때는 도플러의 효과에 의한 소리의 높이의 변화도 고려해야 한다(이에 대해서는 뒤에서 설명하기로 하자.).

물론 때에 따라서는 소리의 속도도 작아서 안타까울 때가 있다. 이러한 예는 다음의 문제에서 취급하기로 하자.

전신전화 없이 어떤 방법으로 소리를 전달하는가?

매초 300m 정도의 소리의 속도도 언제나 충분한 속도로는 되지 못한다. 우선 예를 들어보자.

서울과 평양 사이에 전화를 설치하지 않고 예전에 타던 복좌비행기(두 사람이 타는 비행기)나 기선에서 사용하던 고무파이프로 만든 전성관을 설치했다고 생각하자.

이러한 전성관의 서울 쪽에 여러분이 서 있고, 평양에는 친구가 서 있다. 여러분이 서울에서 말을 보내고 친구에 대한 대답을 기다려 보자. 5분이 지나고 7분이 지나도 대답은 없을 것이다. 여러분은 불안한 마음을 가지게 될 것이고, 혹시나 친구에게 무슨 변고가 있구나 하고 걱정을 하게 될 것이다.

그러나 걱정은 헛된 일이며 여러분이 보낸 말은 아직도 평양에 도달하지도 못하였고, 그 때쯤이면 겨우 절반쯤 가고 있을 것이다. 시간이 더 흘러서 15분이 경과했다. 그제서야 친구는 여러분의 말을 듣고서 대답을 보낼 수 있을 것이다. 그러나 친구의 대답도 평양에서 서울까지 돌아오는 데 15분은 걸린다. 이리하여 여러분의 문안에 대한 회답은 30분이 지나서야 받게 된다.

여러분은 다음과 같이 계산할 수 있다.

서울에서 평양까지는 자동차로 해서 약 300km이다(300km가 넘지만 계산에 편리하게 이렇게 잡자.). 소리는 매초에 1/3km 간다. 두 도시 사이의 거리를 소리는 900초 동안에 도달한다. 이러한 조건에서는 아침부터 저녁까지 온종일 대화를 하여도 20여 마디의 말도 교환할 수가 없다.

그러나 이러한 방법으로 보도를 전달하는 것도 매우 빠른 것이라고 생각했던 시대도 있었다. 사실상 150여 년 전만 해도 아무도 전화나 전신이라는 것은 꿈에도 생각하지 못했으며, 300km나 되는 거리 사이에서 진행되는 보도의 전달이 몇 시간쯤만 된다고 하더라도 이것은 대단히 빠르며 이상적인 것이라고 여겼다.

이번에는 빛을 이용하여 먼 곳에서 신호를 전달하는 방법에 대하여 이야기해 보자.

신호를 보내는 곳에서 나무나 기름에 불을 질러 그 불빛이 수십 리 밖에까지 가도록(보통은 높은 산 위에서 한다.) 하면 그 다음의

그림 5-2 토인들의 '북 통신'

중계소에서 나무나 기름을 준비하고 있다가 곧바로 불을 지른다. 이와 같은 중계소가 십여 개 또는 그 이상이 있으면 서울에서 평양까지 신호 명령들이 순식간에 전달될 것이다.

사실상 우리나라 조선시대와 그 이전의 시대에도 이러한 방법을 사용했던 '봉화'가 바로 이것이다.

북을 이용하는 통신은 얼마나 빠른가?

소리를 이용하여 신호를 전달하는 방법은 아프리카나 서남아시아 등의 원주민들 사이에서도 사용되었다. 이를 위하여 원주민들은

그림5-2에서 보는 바와 같은 특별한 북을 사용하였는데, 이 북을 이용하여 굉장히 먼 곳에까지 신호를 전달하였다. 이 신호의 전달이 얼마나 빨랐는가를 실증하는 예를 들어 보자.

이탈리아와 리베리아 사이에 첫 전쟁이 진행되었을 때 이탈리아 군부대의 이동 경로가 북 통신에 의하여 신속히 원주민들에게 전달되어 모두 사라져 버렸다고 한다. 원주민들에게 이러한 북 통신이 있는 것을 몰랐던 이탈리아는 침략을 실패하고 말았다.

이탈리아가 리베리아와의 두 번째 전쟁을 시작하였을 때 리베리아에서는 총동원령이 공포되었는데, 역시 북을 이용하는 통신의 방법으로 몇 시간도 지나지 않아 그 명령이 리베리아의 방방곡곡에 알려졌다고 한다.

아프리카를 탐험하는 여행가의 이야기에 의하면, 어떤 아프리카의 종족들에게는 소리에 의한 신호계통이 얼마나 우수하고 정확했던지 그들이 전신의 소유자라고 여길 수 있을 정도였고, 전신이 발명되기 전까지 유럽 사람들이 사용하던 광학적인 통신보다 확실히 우수한 것이었다고 한다.

소리는 공기에서 반향(반사)되는가?

소리는 비단 고체의 장애물에서만 반사되는 것이 아니라 구름에서도 반사된다. 뿐만 아니라 완전히 투명한 공기도 그것이 어떤 조건에서는(공기가 소리를 통과시키는 능력이 그 어떤 이유에 의해서 주위의 다른 공기보다 다를 때) 음파를 반사할 수가 있다.

여기에서는 광학에서 '전반사'라고 말하는 것과 유사한 현상이 일어난다. 소리는 보이지 않는 장애물로부터 반사되기 때문에 우리는 어디에서 오는 것인지를 알지 못하는 이상한 반향을 듣게 된다.

영국의 물리학자 틴달이 바닷가에서 소리 신호의 실험을 하고 있을 때 우연히 재미있는 사실을 발견하였다. 그는 이것을 다음과 같이 쓰고 있다.

"완전히 투명한 공기에서 반향을 받았다. 그야말로 요술처럼 보이지 않는 소리의 구름으로부터 반향이 왔다."

그가 소리의 구름이라고 말한 것은 소리를 반사시킨 공기 부분을 가리키는 것이다. 이에 관해서도 그는 다음과 같이 쓰고 있다.

"소리의 구름은 항상 공기 중에 떠 다니고 있다. 소리의 구름은 보통의 구름이나 안개와는 하등의 관련도 가지고 있지 않다. 가장 투명한 대기도 넉넉히 소리의 구름으로 된다. 이리하여 공기의 반향을 들을 수가 있다. 우리들의 생각과는 달리 공기의 반향은 하늘이 아주 맑게 개었을 때도 일어날 수가 있다. 이는 서로 온도가 다른 공기의 흐름이라든가 혹은 증기의 함유량이 서로 다른 공기의 흐름에 의하여 나타날 수도 있다."

소리에 대해서 불투명한 '소리의 구름'이 있다는 것으로도 전투 상황에서 때때로 관측되는 이상한 현상을 이해할 수가 있다. 틴달은 1871년의 보불전쟁(프랑스와 프러시아의 전쟁)에 대한 목격자의 회상록으로부터 다음과 같은 발췌문을 인용하고 있다.

"6일. 오늘 아침은 어제의 아침과는 딴판이었다.

어제는 뼈에 스며들게 추웠고, 반 마일도 내다볼 수 없을 정도로 안개가 끼어 있었다.

그런데 오늘은 맑게 개었으며 따뜻하였다.

어제는 하늘이 요란한 소음들로 가득 차 있었는데, 오늘은 전쟁을 모르는 아르카디아의 정막이 지배하고 있다. 우리는 이상해서 서로를 쳐다보았다. 정말로 파리와 포진지 그리고 대포가 흔적도 없이 사라져버린 것일까?

… 나는 몬모란씨로 나갔다. 거기에서 파리 북부의 광활한 파노라마가 나의 눈앞에 펼쳐졌다. 그러나 여기도 죽음의 정막이었다.

… 나는 세 사람의 병사를 만났다. 우리들은 전쟁의 형편에 대해서 논의하였다. 그들은 모두 평화협상이 시작되었다고 생각하고 있었다. 왜냐하면 오늘 아침부터는 총포소리가 한번도 나지 않는 까닭에…….

나는 또다시 고네스로 갔다. 괴이하게도 나는 거기에서 오늘 아침 8시부터 독일군 진지에서 강력한 대포사격을 하고 있다는 것을 알았던 것이다. 남부에서도 그와 비슷한 시간에 포격을 개시하였던 것이다. 그런데 몬모란씨에서 우리는 아무 소리도 듣지를 못했던 것이다.

… 이 모든 것은 공기의 조작이었던 것이다. 어제 공기가 그처럼 소리를 잘 통과했다면 오늘은 또한 이처럼 소리를 잘 통과시키지 않았던 것이다."

소리 없는 소리가 있을까?

　귀뚜라미의 우는 소리나 쥐가 찍찍거리는 소리와 같은 높은 소리를 듣지 못하는 사람들이 있다. 이 사람들이 귀머거리는 아니며 그들의 청각기관에도 별다른 고장은 없다. 그것은 이 사람들이 높은 소리를 듣지 못하는 것이다.

　틴달은 어떤 사람은 참새들의 지저귀는 소리까지도 듣지를 못하는 일이 있다는 것을 확인하여 주고 있다.

　일반적으로 우리들의 귀는 가까이에서 일어나는 모든 진동을 전부 감각하지는 못한다. 만일에 물체가 1초 동안에 16회 이내의 진동을 한다면 우리는 그 소리를 듣지 못한다. 그리고 물체가 만약에 1초 동안에 15,000~22,000회 이상의 진동을 하여도 우리는 역시 들을 수가 없다.

　그런데 음조에 대한 감각의 최고점은 사람마다 서로 다르다. 노인들에게는 이 감각의 최고점이 매초 6,000회의 진동까지 내려간다. 째지는 듯한 높은 음조를 어떤 사람은 똑똑히 듣고, 어떤 사람은 전혀 듣지 못하는 현상도 이상 말했던 이유 때문에 일어난다.

　많은 벌레들(예를 들면, 모기나 귀뚜라미 같은 것들)은 매초 약 20,000회의 진동에 달하는 음조의 소리를 낸다. 따라서 어떤 사람의 귀에는 이 소리가 들리는 데 반해서, 어떤 사람은 이 소리가 존재한다는 것조차 모르고 있다. 이러한 고음에 대한 감수성이 없는 사람들은 다른 사람들이 귀청을 째지는 듯한 높은 음을 듣는 바로 그 자리에서도 조용하다고 좋아한다.

어느 날, 틴달은 스위스에서 친구와 산보를 하였을 때 이러한 일이 있었다고 말하고 있다.

"양쪽 길가의 잡초에는 벌레들이 옥실옥실거리고 있어 그들의 예리한 울음소리가 나의 귀에 느껴졌다. 그런데 나의 친구는 그것을 전혀 듣지 못하였다. 즉 벌레들의 음악이 친구의 청각의 한계밖에 있었던 것이다."

쥐가 찍찍거리는 소리는 벌레들의 높은 소리보다는 완전히 1옥타브 낮다. 그런데 음의 가청 한계가 이보다도 낮은 사람이 있으며, 그들에게는 쥐의 소리도 들리지 않는다.

그런데 개는 사람과 달라서 진동수가 매초 38,000회나 달하는 음조를 감각한다.

초음파는 기술에서 어떻게 이용되고 있는가?

현대의 물리학자나 과학자들은 우리가 앞에서 말한 정도보다는 훨씬 진동수가 많은 '소리 없는 소리'를 내는 방법을 소유하고 있다.

진동수는 매초 700,000회에 달한다. 이 음조는 매초 3,480회의 진동을 주는 피아노의 가장 높은 '라' 보다도 약 18옥타브나 높은 것이다.

초음파의 진동을 얻는 방법은 석영의 결정에서 일정한 방법으로 끊어낸 결정판을 압축할 때 그 양면이 대전된다는 성질에 기초하고

있다.[1]

만일 이러한 판의 표면을 주기적으로 대전시킨다면 그 결정판은 전하의 작용 아래에서 주기적으로 압축되었다 연장되었다를 반복할 것이다. 다시 말하면 초음파의 진동이 얻어진다.

결정판은 그 판의 고유 진동주기와 똑같은 진동을 하는 라디오용 전자관 발전기에 의하여 대전된다(우리가 보통 쓰고 있는 진공관이라는 말은 전자관이라고 하는 것이 정확하다.).

초음파는 우리의 귀에 들리지 않고 조용하지만 대단히 혹독한 형태로써 다른 방면에서도 나타난다.

가령 진동하는 판을 기름이 담긴 그릇 속에 담가 놓으면 초음파의 진동을 받는 액체 표면은 10cm의 높이로 산처럼 불쑥 솟아 오르고 기름방울이 40cm의 높이까지 튀어 오른다. 이런 기름 그릇에 1m쯤 되는 유리막대기를 담가 놓고 손으로 유리막대기의 끝을 잡고 있으면 그 손은 불에 덴 것처럼 심한 화상을 입는데 그 상처가 나아도 허물이 남게 된다.

이러한 진동 상태에 있는 파이프의 끝을 나무에 대는 방법으로써 그 나무에 구멍을 뚫을 수도 있다. 이때 초음파의 에너지는 열에너지로 전환된다. 높은 진동은 시멘트를 굳게 하는 기술 등에서도 이용된다.

이러한 진동은 생물체에 대해서 여러 가지로 강력한 작용을 나타낸다. 즉 해초들은 산산이 찢어지고, 동물의 세포는 화상을 입게 되며 혈구들은 파괴된다. 작은 물고기나 개구리는 초음파에 의하여 1~2분간에 죽어 버린다.

한편 초음파를 받는 동물의 체온은 올라간다. 그리하여 쥐에게 있어서는 45℃까지나 올라간다. 소리가 들리지 않는 초음파는 각종의 치료에 이용되면서 그 성능은 보이지 않는 자외선의 역할과 효력을 능가할 것이다.

현재 모든 산업기술 분야에서 광범위하게 초음파를 이용하고 있다. 선박들은 초음파를 이용하여 안개 낀 날씨에도 해안으로부터 길을 안내하는 수중 신호를 받는다. 적의 잠수함을 찾아낼 때도 초음파를 이용하고 있다.

기차의 기적 소리는 가는 사람과 오는 사람에게 어떻게 달라지는가?

만일 여러분이 음악적으로 훈련된 귀를 가지고 있다면, 아마도 여러분에 대해서 마주 오는 기차가 여러분의 옆을 지날 때 기적 소리의 음조(소리의 크기가 아니라 소리의 높이)가 어떻게 변화하는가를 들어 보아서 알고 있을 것이다.

기차가 접근하는 동안에는 서로 멀리 떨어질 때보다 기적 소리가 뚜렷하게 높아진다. 만일에 기차들이 빨리 달린다면 소리의 높이에 있어서의 차이는 거의 한단계 완전음('도'에서 '레' 또는 '레'에서 '미'의 차이) 정도가 된다.

그렇다면 왜 이런 일이 일어나는가?

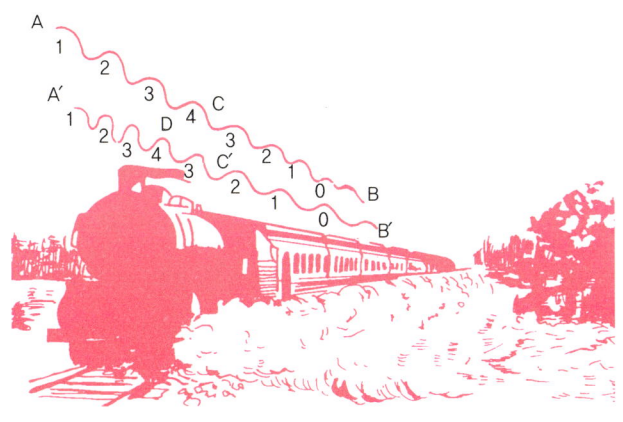

그림 5-3 기적 소리 문제. 위의 것은 정지한 기차가 내는 음파. 아래 것은 움직이는 기차가 내는 음파

    이 원인은 음조의 높이가 진동수에 관계된다는 것을 회상한다면 간단히 알 수가 있다.

    가까이 오는 기차의 기적 소리는 항상 일정한 진동수를 가지고 똑같은 소리를 내고 있다. 그러나 여러분의 귀에는 여러분이 그 기차에게 접근하여 가는가, 또는 한자리에 서 있는가, 그렇지 않으면 진동의 근원으로부터 멀어지는가에 따라 서로 다른 진동수를 가진 소리로서 감각이 된다.

    기차가 여러분을 향하여 가까이 오는 경우에 기차의 실제 진동수보다 더 높은 진동수의 소리를 듣는다. 반대로 기차가 여러분으로부터 점점 멀어지는 경우에는 실제의 진동수보다도 작은 진동수의 소리를 듣는다. 즉 낮은 소리를 듣는다.

이제부터 기차의 기적 소리가 어떻게 전파되는가 하는 것을 고찰하여 보자.

그림5-3은 정지한 기차의 기적 소리를 파동으로 나타내주고 있다. 간단히 그림의 윗쪽 4개의 파동만 고찰해 보자.

기적 소리는 정지한 기차로부터 어떤 일정한 시간 사이에 모든 방향으로 동일한 거리만큼 전파된다. 파동 0은 관측자 A와 B까지 가는데 동일한 시간이 걸린다. 파동 1과 2도 역시 동일한 시간에 관측자 A와 B에 도달한다. 따라서 관측자 A와 B는 매 초마다 동일한 진동수를 받으며 소리를 듣는다.

만약에 기차 B에서 A로 움직인다면 문제가 달라진다(그림의 아래쪽). 어떤 시각에 기적 소리가 C에 있었다. 여기에서 4개의 파동을 내는 동안에 기적 소리는 벌써 D에 도달했다고 하자.

그러면 음파가 어떻게 전파되는가?

파동 0은 점 C´로부터 나와서 두 관측자 A´와 B´에 동시에 도달한다. 그러나 점 D에 형성된 파동 4는 두 관측자에게 동시에 도달하지 않는다. 경로 DA´는 DB´보다 짧다. 따라서 파동 B´보다 A´에 먼저 도달한다. 다른 파동 1과 2도 B´보다 A´에 먼저 도달한다. 그러나 늦어지는 정도는 파동 4보다 작다.

결과는 어떻게 되겠는가?

A´에 있는 관측자는 B´에 있는 관측자보다는 더 자주 파동을 받는다. 그림에서 볼 수 있는 바와 같이 A´로 가는 파동의 파장은 B´로 가는 파동의 파장보다 짧아진다. 그러므로 관측자 B´는 높은 음을 듣는다.

도플러 현상은 어떻게 응용되고 있는가?

위에서 이야기한 현상은 물리학자인 도플러에 의해서 발견되었다. 그는 소리에 대해서만 관측한 것이 아니라 빛에 대해서도 관측하였다. 빛도 역시 파동으로 전파되기 때문이다. 파동의 진동수가 빨라지는 현상은 빛에서는 빛깔이 달라지는 것이 된다.

도플러의 원리는 천문학자들에게는 별들이 우리들에게 접근하는가 멀어지는가 하는 것을 밝힐 수 있는 가능성을 주었고, 이동 속도까지 측정할 수 있게 하였다.

이 경우에 스펙트럼의 띠를 끊는 흑선(흡수선)들이 옆으로 이동하는 것이 천문학자들에게 도움을 주었다. 천체의 스펙트럼에서의 흑선이 어느 쪽으로 얼마만큼 변위하였는가에 대한 주의 깊은 연구로써 천문학자들은 일련의 발견을 하게 되었다.

도플러의 현상을 적용함으로써 우리는 시리우스의 밝은 별이 현재 매 초에 75km의 속도로써 멀어지고 있다는 것을 알고 있다. 이 별은 믿을 수 없을 만큼 먼 거리에 있으며, 이제 다시 10억km 만큼 멀어져도 그의 밝기가 그리 변하지는 않을 정도다. 그렇기 때문에, 만일 우리가 도플러의 현상을 알지 못했다면 이 별의 운동에 관해서 아무 것도 알아내지 못했을 것이다.

이 한 가지의 예만 보더라도 물리학이 모든 것을 다 포괄하는 과학이라는 것을 똑똑히 말해주고 있다. 수 미터에 달하는 파장을 가진 음파에 대한 법칙을 설정한 다음에 이 법칙은 밀리미터의 수만 분의 1밖에 되지 않는 엄청나게 먼 곳에 있는 거대한 태양들의 급속한 운동을 측정하는 것에 이용되고 있다.

> 도플러의 효과
> 파원에 대하여 상대속도를 가진 관측자에게 파동의 주파수가 파원에서 나온 수치와는 다르게 관측되는 현상을 말한다.

소리를 내는 원천 B와 관측자 A가 서로 상대적으로 운동할 때 소리의 진동이 관측자에게 어떻게 느껴지는가에 대해서 알아보기로 하자.

$$b의\ 진동수를\ \upsilon = \frac{1}{T}$$

관측자 A가 듣는 진동수 υ'
파동의 전파속도 υ
파장을 λ라 한다.

1) 관측자와 소리의 원천이 상대적으로 서로 움직이지 않는 경우

$$\upsilon' = \frac{V}{\lambda} = \frac{V}{VT} = \frac{1}{T} = \upsilon$$

관측자는 소리의 원천이 내는 파동의 진동수와 똑같은 진동의 파동을 받는다.

2) 소리의 원천은 그대로 있고 관측자가 v라는 속도로 운동하는 경우

ㄱ. 관측자가 소리의 원천에 접근하는 경우($v>0$)

이때는 관측자를 지나가는 진동수가 정지해 있는 관측자를 지나가는 소리의 진동수보다도 많다. 따라서 파동은 V+v와 같은 전파 속도를 가지고서 전파하는 것처럼 느껴진다.

때문에 관측자가 받는 진동수 v'는 다음과 같다.

$$v' = \frac{V+v}{\lambda} = \frac{V+v}{VT} = (1+\frac{v}{V})\frac{1}{T}$$

$$v' = (1+\frac{v}{V})v$$

ㄴ. 소리의 원천으로부터 관측자가 멀어져 나가는 경우 ($v<0$)

$$v' = (1-\frac{v}{V})v$$

만약 관측자가 파동의 전파 속도와 똑같은 속도로 멀어진다면

$$v' = (1-\frac{v}{V})v = 0$$

으로 되고 만다.

3) 소리의 원천이 μ라는 속도로 운동하고 관측자는 그 자리에 그대로 있는 경우

ㄱ. 원천이 관측자에게 접근할 때($\mu>0$)

소리의 진동이 전파되는 속도는 매질의 물리적인 상태에만 의존하기 때문에 소리의 원천이 접근하여 오든지 안 오든지 한 주기의 진동은 한 파장 λ만큼 전파된다. 이때 소리의 원천은 μT만큼 관측자 쪽으로 운동한다.

그 결과의 파장은

$$\lambda' = \lambda - \mu T = VT - \mu T = (V-\mu)T$$

진동수는

$$\upsilon' = \frac{V}{\lambda'} = \frac{V}{(V-\mu)T} = \frac{V}{V-\mu}\upsilon$$

소리의 원천이 관측자로부터 멀어질 때는 $\mu<0$이므로 $\upsilon'<\upsilon$로 되면서 소리가 점차 낮게 들린다.

4) 관측자와 소리의 원천이 동시에 운동하는 경우

ㄱ. 원천과 관측자가 서로 접근하는 때는 $\lambda'=\lambda-\mu T$이다.

관측자도 접근하기 때문에 파동은 $V+\upsilon$라는 전파속도로 전파되는 것처럼 관측자에게는 느껴진다.

때문에 듣는 파동의 진동수는

$$\upsilon' = \frac{V+\upsilon}{\lambda-\mu T} = \frac{V+\upsilon}{(V-\mu)T}$$

혹은 $v' = \dfrac{V+v}{V-\mu} v$로 된다.

ㄴ. 만일 소리의 원천과 관측자가 서로 멀어질 때는

$$v' = \dfrac{V-v}{V+\mu} v$$로 된다.

도플러의 현상
소리의 원천과 관측자가 서로 상대적으로 운동을 하기 때문에, 소리의 원천이 실제로 내는 진동과는 그 진동수가 사뭇 다른 진동을 듣게 되는 현상을 말한다.

물리학자의 주장이 옳았는가?

1842년에 도플러는 관측자와 소리의 근원 혹은 관측자와 광원이 서로 가까워지고 멀어질 때에 감각되는 음파나 광파의 파장에는 변화가 생겨야만 한다는 생각에 도달하여 별들이 색채를 가지는 원인이 있다는 이론을 내놓았다.

그는 모든 별들이 원래는 흰색이라고 생각하였다. 그런데 많은 별들이 색을 띠는 것처럼 보이는 것은 별들이 우리와 상대적으로 빨리 움직이는 까닭이라는 것이다. 즉 빠르게 가까워져 오는 흰 별은 지구의 관측자에게 녹색, 청색, 혹은 보라색의 짧아진 광파를 보내며 반대로 빠르게 멀어지는 흰 별은 누렇게, 혹은 붉게 보인다는 것이다.

이 말은 매우 그럴 듯하게 들린다. 그러나 이 말은 두말할 것도 없이 그릇된 생각이다. 왜냐하면 사람의 눈이 별의 색채가 변화하는 것을 알아보기 위해서는 별은 거대한 속도(매초에 10,000km 정도)를 가져야만 한다.

그렇지만 이것만으로는 불충분하다. 전체 빛깔의 파장이 각각 동시에 변화하기 때문이다.

예를 들어, 가까이 오는 흰 별 중에 적색 광선은 보라색 쪽으로 접근하며 녹색 광선은 청색 광선으로 변화한다. 그리고 보라색 광선은 자외선의 위치를 차지하게 되며 붉은 빛의 광선은 적외선에 자리를 내준다. 그리하여 전체적으로 볼 때는 흰 빛의 성분이 그대로 남아있다.

이리하여 스펙트럼의 모든 빛깔이 전체적으로 이동함에도 불구하고 눈은 전반적인 색채에서 하등의 변화도 볼 수 없을 것이다.

관측자에 대해서 움직이고 있는 별들에 의한 스펙트럼에 있어서 흑선의 이동을 생각한다면 문제는 달라진다. 이 흑선들의 이동은 정밀기계에 의하여 잘 포착되며 시선에 대한 별들의 운동속도를 결정할 수 있게 한다(좋은 분광기는 매초 1km 정도의 별의 속도까지도 확정한다.).

어느 날, 어느 물리학자가 교통신호기가 붉은 표식을 하고 있음에도 불구하고 빨리 달아나는 자신의 자동차를 멈추지 않았다고 해서 경찰관이 벌금딱지를 끊으려고 하였다. 그런데 이 물리학자는 언뜻 도플러의 이론을 이용하여 녹색처럼 보인다는 것을 경찰관에게 납득시키려고 하였다. 경찰관이 물리를 잘 알았더라면 이 물리학자의 말을 믿지 않았을 것이다.

사실 그 물리학자의 주장이 정당화 되려면 자동차는 1억 3천 5백만 km/시라는 그야말로 천문학적으로 빠른 속도로 달려야만 가능하기 때문이다.

이것은 간단히 계산할 수 있다. 여기에서 그 계산을 해보자.

광원에서 나오는 빛의 파장(이 경우에 광원은 신호등)을 ℓ 로, 관측자(자동차에 탄 물리학 교수)가 보는 빛의 파장을 ℓ', 자동차의 속도를 v, 빛의 속도를 c로 표시한다면 보다 더 복잡한 이론에 의하여 확정되는 이것들 사이의 관계는 다음과 같다.

$$\frac{\ell}{\ell'} = 1 + \frac{v}{c}$$

붉은 빛에 해당하는 가장 짧은 파장이 0.0063mm이고, 녹색 빛의 가장 긴 파장이 0.0056mm라는 것을 알고, 이 값을 공식에 대입해 보자. 빛의 속도도 우리는 알고 있다(매초 300,000km).

$$\frac{0.0063}{0.0056} = 1 + \frac{v}{300,000}$$

따라서 자동차의 속도는

$$v + \frac{300000}{8} = 37500 \text{km/초}$$

매시 135,000,000km의 속도로 된다.

이러한 속도로 달린다면 이 물리학자는 1시간 남짓하여 지구에서 태양보다도 더 먼 거리를 가게 될 것이다.

이 이야기의 결론은 간단하다. 이 엉터리 물리학자는 '여하튼 한계속도를 넘었다'고 해서 벌금을 물었다.

소리의 속도로 멀어져 가는 사람에게 그 소리가 들리겠는가?

만약에 여러분이 관현악을 연주하고 있는 곳으로부터 소리의 속도로 달린다고 하면 여러분은 무엇을 듣겠는가? 하는 문제다.

열차를 타고 서울을 출발한 승객은 모든 정거장의 신문판매소에서 똑같은 신문(그가 서울을 떠난 날의 신문)을 보게 된다. 그것은 그 훗수의 신문이 기차에 실려 있기 때문이다.

여기에 기초하여 아마도 관현악연주자들로부터 소리의 속도로 멀어져 가는 우리들은 운동하기 시작한 초기에 관현악 소리를 항상 듣게 될 것이라는 결론을 내릴 수 있다. 그러나 이 결론은 옳지 않다.

만약에 여러분이 소리의 속도로 멀어져간다면 여러분에 대해서 음파는 정지한 채로 있고, 여러분의 고막을 전혀 두드리지 않는다.

그러므로 여러분은 아무런 소리도 들을 수가 없는 것이다. 따라서 여러분은 관현악이 연주를 멈추었다고 생각할 것이다.

그런데 왜 신문의 문제에서는 이것과는 다른 대답이 나왔는가? 그 이유는 간단하다. 왜냐하면 우리는 이 경우에 간단한 유사성에만 의존하여 이야기를 하였기 때문이다.

도처에서 같은 신문을 만나는 승객들은 도시에서는 새 호의 신문 발간을 중단하였다고 생각한다(만일 그가 자기의 운동을 잊어버리고 있다면 이렇게 생각할 것이다.). 그에 대해서는 마치 운동하는 사람에 대해서 음악이 없어진 것처럼 신문사가 없어진 것처럼 되고 말 것이다.

이 문제는 그 본질에 있어서 이렇게 복잡한 것이 아님에도 불구하고 때로는 학자들까지도 이 문제에 홀려버린다는 것은 아주 흥미있는 일이다. 나하고 이 문제를 토론할 때 어떤 점잖은 천문학자가 이 결론에 동의하지 않았다. 그는 소리의 속도로 멀어져갈 때 소리는 항상 동일한 음조를 듣는다고 주장하였다.

그는 자신의 정당성을 다음과 같은 논의로써 증명하였다.

"어떤 높이의 음악소리가 울린다고 합시다. 이 소리는 오래 전부터 울리고 있었으며 무한히 오래 울리고 있다고 합시다. 공간에 늘어서 있는 관측자들은 순차적으로 이 소리를 들으며 또한 이 소리는 약해지지 않는다고 가정합시다. 그러면 소리의 속도는 고사하고 그보다도 더 빠른 속도로써 이들 관측자들 중에 임의의 자리에로 옮겨간다고 할 때 당신이 왜 소리를 들을 수 없겠습니까?"

이와 마찬가지로 그는 빛의 속도를 가지고 번갯불에서부터 멀어져가는 관측자는 항상 계속적으로 이 번개를 볼 것이라고 다음과 같이 증명하고 있다.

"공간에 연속으로 눈들이 늘어서 있다고 가정합시다. 그 눈들의 하나하나는 그 앞의 눈이 빛을 본 다음에 빛을 봅니다. 당신은 가상적으로 이 개개의 눈이 있는 자리를 순차적으로 방문할 수 있다고 생각합시다. 당신은 분명히 항상 그 번갯불을 보게 될 것입니다."

천문학자는 이렇게 주장하였다.

물론 이 주장이나 처음의 주장이나 다 옳지 않다. 이러한 조건에서는 소리를 듣지 못하며 번개를 보지 못한다. 이것은 앞의 문제에서 유도되었던 공식에 의해서도 증명할 수 있다.

우리의 경우에 있어서는 $v=-c$ 에 해당하므로 이 관계를 공식에 대입하면 우리에게 감각되는 파동의 파장 λ는 무한대로 되는데, 이것은 파동이 없다는 것과 마찬가지이다.

이 문제를 그 이상 더 논의하려면 대학에서 학습하는 이론 물리학에 속하기 때문에 이 정도에서 끝기로 한다.

주

1) 이러한 결정의 성질을 압전기 또는 피에조전기라고 한다.